Die Auer Unterrichtsmaterialien für Mathematik 3

Band 1

Erarbeitet von Ingrid Dröse und Lorenz Weiß

Illustriert von Corina Beurenmeister

Unter die Lupe genommen von

Auer Verlag GmbH

Gedruckt auf umweltbewusst gefertigtem, chlorfrei gebleichtem
und alterungsbeständigem Papier.

2. Auflage 2008
Nach den seit 2006 amtlich gültigen Regelungen der Rechtschreibung

Illustrationen: Corina Beurenmeister
Satz: Ludwig Auer GmbH, Donauwörth
Druck und Bindung: Köppl und Schönfelder oHG, Stadtbergen
ISBN 978-3-403-0**3283**-0

www.auer-verlag.de

Inhalt

Hinweise zum Umgang mit dem Buch

Alle relevanten Lerninhalte

In der Reihe **Die Auer Unterrichtsmaterialien für Mathematik** finden Sie alle relevanten Lerninhalte für den direkten Einsatz im Unterricht aufbereitet.
Der vorliegende Band 1 für die 3. Jahrgangsstufe deckt die Themen für das 1. Schulhalbjahr ab, Band 2 die Themen für das 2. Schulhalbjahr.

Einführungsstunden für jedes Thema und Kopiervorlagen

Auf den ganzseitigen Lehrer-Infos sind für jedes Thema Einführungsstunden beschrieben. Mit den speziell darauf abgestimmten Kopiervorlagen können Sie problemlos eine ganze Unterrichtseinheit gestalten.
Tipp: Mit den Inhalten der Erarbeitungsphase können Sie durch Gruppenarbeit aktiv-entdeckende Lernprozesse fördern.

Die Lehrer-Infos: Alles auf einen Blick

Die Lehrer-Infos zeigen Ihnen auf einen Blick …

… worum es geht ↓ Stundenthema
… was Sie brauchen ↓ Material
… wie Sie vorgehen können ↓ Stundenverlauf
… wie Sie weiterarbeiten können ↓ Kopiervorlagen für Übung und Differenzierung

Die Kopiervorlagen: Alles für Einführung, Übung und Differenzierung

Mit den Kopiervorlagen erhalten Sie eine sorgfältig abgestimmte Auswahl an Einführungsmaterialien, Übungsaufgaben mit unterschiedlichem Schwierigkeitsgrad und Möglichkeit zur Selbstkontrolle.
Die Schwierigkeitsgrade sind wie folgt gekennzeichnet:

- KV Kopiervorlage mit geringerem Schwierigkeitsgrad
- KV Kopiervorlage mit mittlerem Schwierigkeitsgrad
- KV Kopiervorlage mit höherem Schwierigkeitsgrad

Der Unterricht: Abwechslungsreich und lebensnah

Wechselnde Methoden und Sozialformen garantieren Ihnen einen abwechslungsreichen Unterricht. Alle Themen werden anhand anschaulich dargestellter Situationen aus der Lebenswelt der Kinder aufgearbeitet. Das liefert nicht nur zahlreiche Sprechanlässe, sondern fordert zum Entdecken mathematischer Zusammenhänge auf, motiviert zu individuellen Lösungsansätzen und ermöglicht ein aktives, selbstbestimmtes Lernen.

Die Auer Unterrichtsmaterialien für Mathematik: Zeitgemäß und unabhängig vom eingeführten Schulbuch

Die Auer Unterrichtsmaterialien für Mathematik unterstützen Sie bei der Vorbereitung und Durchführung eines zeitgemäßen Unterrichts und sind unabhängig vom eingeführten Schulbuch einsetzbar.

Wir wünschen Ihnen und Ihren Schülerinnen und Schülern viel Spaß mit den Auer Unterrichtsmaterialien für Mathematik!

Abkürzungen:
KV Kopiervorlage
UG Unterrichtsgespräch

Name: ______________________________ | KV 1

Das kann ich noch aus der zweiten Klasse!

1. Schreibe die diktierten Zahlen auf die Linie!

____

2. Lies die Zahlen leise durch und schreibe sie in das Zahlenhaus!

	Z	E
70 →		
49 →		
54 →		

	Z	E
zweiunddreißig →		
siebenundvierzig →		
dreiundsiebzig →		

3. Schreibe die Nachbarzahlen in die Kästchen!

65		67
59		

	81	
	50	

4. Vergleiche die Zahlen und setze die Zeichen richtig ein!

Das bedeuten die Zeichen:
> ist größer als   < ist kleiner als   = ist gleich

54 45	31 41	68 94	72 71	89 91	56 56

5. Fülle die Lücken!

Die Zahl vor 60 heißt _____.   Die Zahl nach 79 heißt _____.

Die Hälfte von 32 ist _____.   Das Doppelte von 38 ist _____.

6. Rechne aus!

9 + 4 = ☐	14 – 5 = ☐	8 + 5 = ☐	18 – 9 = ☐
62 + 6 = ☐	44 + 14 = ☐	67 – 5 = ☐	67 – 23 = ☐
87 + 7 = ☐	67 + 16 = ☐	92 – 8 = ☐	82 – 13 = ☐
11 + 27 – 17 = ☐	88 – 14 – 35 = ☐	38 + 26 – 15 = ☐	24 + 39 – 61 = ☐

Name: ______________________________ KV 2

Das kann ich noch aus der zweiten Klasse! (Fortsetzung)

7. Löse die Malaufgaben!

5 · 10 = ☐	8 · 2 = ☐
2 · 9 = ☐	5 · 7 = ☐
5 · 3 = ☐	8 · 4 = ☐
7 · 5 = ☐	6 · 6 = ☐
6 · 2 = ☐	9 · 8 = ☐

8. Löse die Geteiltaufgaben!

70 : 10 = ☐	14 : 7 = ☐
90 : 9 = ☐	24 : 6 = ☐
30 : 6 = ☐	16 : 2 = ☐
45 : 5 = ☐	72 : 8 = ☐
24 : 4 = ☐	27 : 3 = ☐

9. Rechne die Sachaufgaben aus!

a) Peter hat 50 Euro gespart. Seine Mutter schenkt ihm 17 Euro.

____

Jetzt hat Peter schon _____ Euro.

b) Der Gemüsehändler hat von 35 Tomaten bereits 18 verkauft.

____

Jetzt liegen noch _____ Tomaten in der Kiste.

c) Yannick besucht einen Bauern. Der hat 15 Schweine, 5 Kühe, 8 Katzen, 5 Hunde und 7 Hühner.
Wie viele Tiere hat der Bauer insgesamt? ______________________________

Insgesamt hat der Bauer _____ Tiere.

d) Peter sammelt am Montag 34 Kastanien, am Dienstag 17 Kastanien und am Mittwoch 26 Kastanien.

Frage: Wie viele Kastanien hat er insgesamt gesammelt?

Rechnung: ______________________________

Antwort: ______________________________

e) In einer dritten Klasse sind 19 Schüler. Davon sind 17 Mädchen.

Frage: ______________________________

Rechnung: ______________________________

Antwort: ______________________________

Name: ______________________________ | KV 3

Versteckte Zahlen

1. Schreibe die versteckten Zahlen auf!

1	2		4		6	7	8	9	
11	12		14	15	16		18	19	20
	22	23	24		26	27		29	30
31	32	33	34	35	36		38	39	40
41	42		44	45		47	48		50
51		53	54	55	56	57	58	59	60
61	62	63	64	65	66		68		70
71		73	74		76	77	78	79	80
81	82	83	84	85		87		89	90
	92	93	94	95	96		98		

___ ___ ___
___ ___
___ ___ ___
___
___ ___ ___
___
___ ___
___ ___
___ ___
___ ___ ___ ___

2. Denke dir eine Zahl zwischen 1 und 100! Dein Partner muss sie erraten.
Er darf höchstens 8 Fragen stellen.

3. Ergänze die Zahlen!

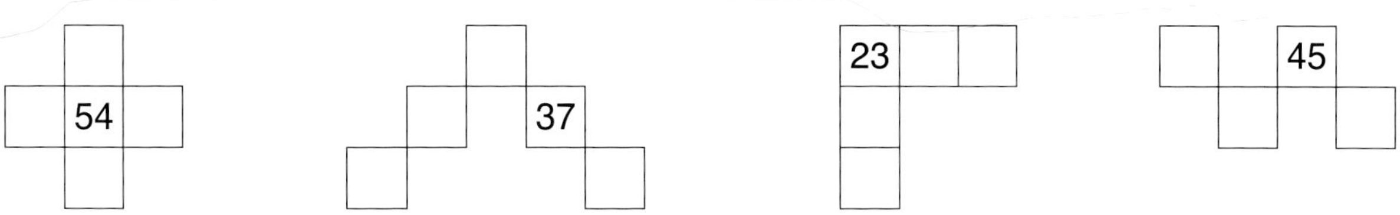

4. Welche Zahlen könnten in diesen Feldern stehen?
Finde mindestens 3 verschiedene Möglichkeiten! Zeichne und schreibe sie ins Heft!

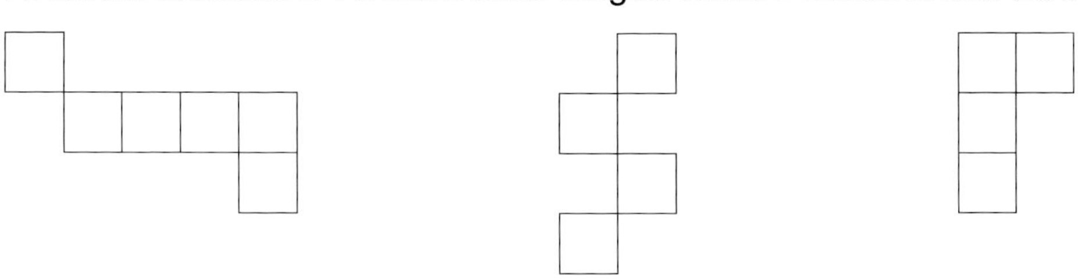

Name: ________________________________ KV 4

Flipps und Flos Zahlenschrift

1. Wenn du den Buchstaben die Zahlen aus dem Hunderterfeld zuordnest, hast du den Schlüssel zu Flipps und Flos Zahlenschrift!

1	2	Y		H			F		Q
					V			19	K
	P	23							
			G			E			40
S				R		U			T
J		O			56				I
	Z			65	66	D		X	
			C				78	A	
81		83		B					W
M			N	95		L			100

A	B	C	D	E	F

G	H	I	J	K	L

M	N	O	P	Q	R

S	T	U	V	W	X

Y	Z

2. Finde das versteckte Wort! Ordne den Zahlen die Buchstaben zu!

41	74	5	47	97	79	94	8	79	94	34

3. Welche Tiere gefallen Flipp und Flo besonders gut? Finde sie!

37	97	37	8	79	94	50

5	47	94	67

20	79	50	62	37

4. Diese Zahlen liegen im Hunderterfeld zwischen …

R und T: _____, _____, _____, _____ Z und D: _____, _____, _____, _____

B und W: _____, _____, _____, _____ H und Q: _____, _____, _____, _____

V und P: _____, _____, _____, _____ C und A: _____, _____, _____, _____

Name: ______________________________ **KV 5**

Bist du fit im Hunderterfeld?

1. Beginne bei ⑤ und folge den Pfeilen! Wie heißen die Zahlen in den Feldern, in denen die Pfeilspitzen liegen? Notiere sie unten!

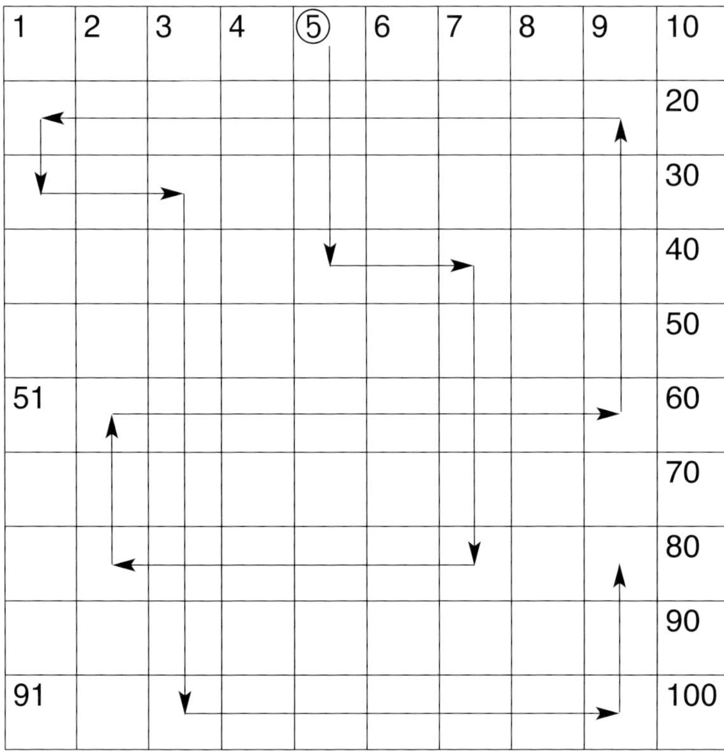

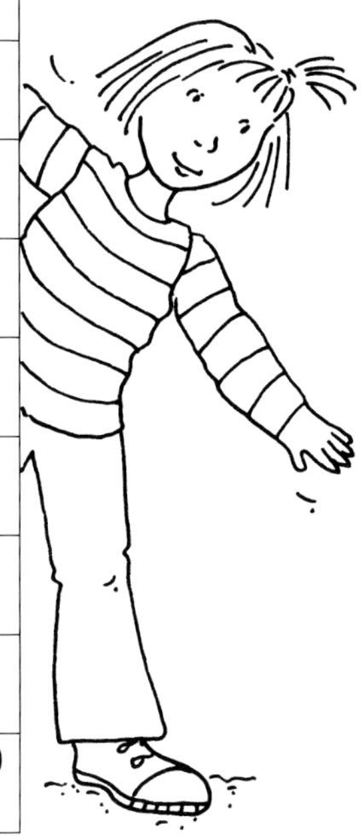

5, ____, ____, ____, ____, ____, ____, ____, ____, ____, ____, ____, ____, ____

2. Schreibe den Weg von Aufgabe 1 als Rechnung!

⑤ + 30 = 35	35 + 2 = 37	37 +	
=			

3. Wegbeschreibungen: Zu welcher Zahl führt der Weg?
   a) Ich beginne bei 15, gehe 3 Felder nach rechts, 2 Felder nach unten, 5 Felder nach links: ____
   b) Ich beginne bei 67, gehe 4 Felder nach links, 3 Felder nach oben, 2 Felder nach rechts: ____
   c) Ich beginne bei 50, gehe 8 Felder nach links, 2 Felder nach unten, 4 Felder nach rechts: ____
   c) Ich beginne bei 22, gehe 5 Felder nach rechts, 1 Feld nach oben, 8 Felder nach unten: ____

4. Beschreibe selbst zwei Wege in deinem Heft!

5. Beschreibe in deinem Heft zwei Wege so wie Flipp und Flo mit den Himmelsrichtungen!

   Beispiel: Ich beginne bei 87, gehe 2 Felder nach Norden, 2 Felder nach Westen, 1 Feld nach Süden:

   ____

Name: ____________________ KV 6

Zahlen bis 100 vergleichen und ordnen – Zahlenfolgen bilden

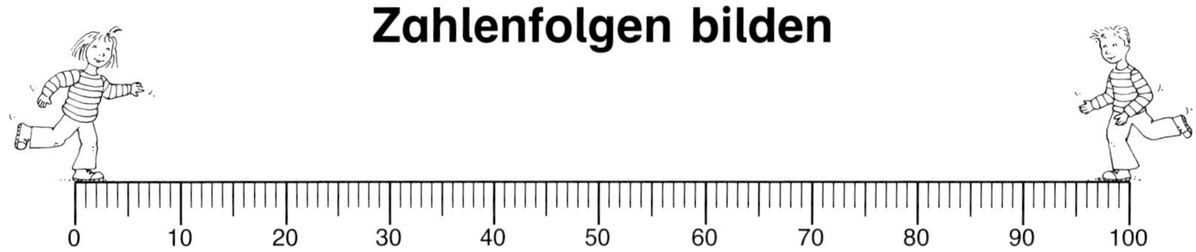

1. Trage die Zahlen auf dem Zahlenstrahl ein! Beispiel: 82

a) | 82 | 26 | 58 | 7 | 67 | 98 | 17 | 44 |

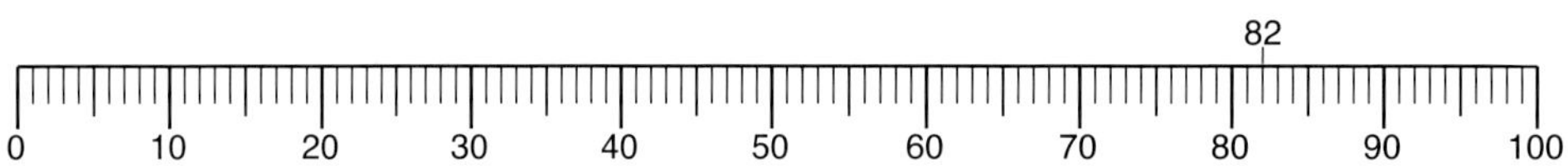

b) | 70 | 91 | 47 | 23 | 6 | 73 | 38 | 62 |

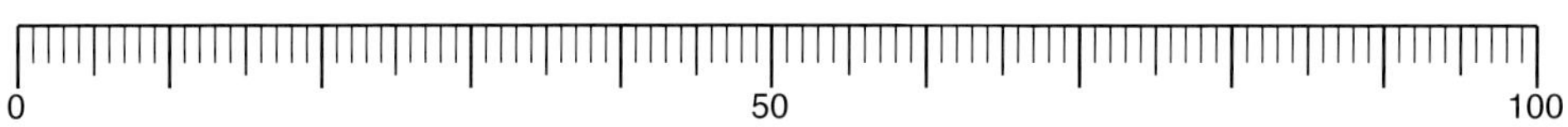

2. Setze das richtige Rechenzeichen ein: > < =

a)			b)			c)		
26	◯	46	13	◯	27 – 14	77	◯	100 – 45
94	◯	93	27	◯	60 + 8	56	◯	70 + 23
100	◯	27	18	◯	3 + 19	15 + 15	◯	37
10	◯	56	65	◯	67 + 3 – 6	48 + 11	◯	56 + 3

3. Zähle weiter!

a) Gehe in Dreierschritten vorwärts:

3, ___, ___, ___, ___, ___, ___, ___, ___, ___, ___, ___, ___, ___, ___, ___, 51

b) Gehe in Fünferschritten vorwärts:

0, ___, ___, ___, ___, ___, ___, ___, ___, ___, ___, ___, ___, ___, ___, ___, 80

c) Gehe in Achterschritten rückwärts:

96, ___, ___, ___, ___, ___, ___, ___, ___, ___, ___, ___, ___,

4. Ordne die Zahlen nach ihrer Größe! Beginne mit der kleinsten Zahl!

87, 23, 45, 78, 19, 32, 91, 54: ____<____<____<____<____<____<____<____

Name: ______________________ | KV 7

Plusaufgaben im Zahlraum bis 100

1. Löse die Plusaufgaben!

a)	b)	c)	d)
48 + 18 = ____	44 + 38 = ____	25 + 28 = ____	38 + 47 = ____
56 + 26 = ____	47 + 14 = ____	28 + 57 = ____	29 + 56 = ____
37 + 27 = ____	24 + 16 = ____	68 + 15 = ____	18 + 65 = ____
24 + 47 = ____	69 + 25 = ____	46 + 28 = ____	27 + 54 = ____

2. Rechne geschickt! Beispiel: $\overbrace{34 + 28 + 36}^{70} = 70 + 28 = 98$

52 + 18 + 15 = __________ = ____ 32 + 19 + 38 = __________ = ____

13 + 18 + 47 = __________ = ____ 24 + 16 + 47 = __________ = ____

46 + 27 + 24 = __________ = ____ 28 + 22 + 33 = __________ = ____

33 + 27 + 19 = ____ 29 + 25 + 25 = ____ 27 + 28 + 32 = ____

36 + 38 + 14 = ____ 17 + 15 + 53 = ____ 59 + 11 + 29 = ____

16 + 13 + 44 = ____ 28 + 29 + 32 = ____ 44 + 21 + 16 = ____

3. Nutze die Zehnernähe! Beispiele: 14 + 79 = 14 + 80 – 1 = 93 $\quad \underset{(+1)}{49} + \underset{(-1)}{27}$ = 50 + 26 = 76

33 + 49 = __________ = ____ 29 + 37 = __________ = ____

43 + 38 = __________ = ____ 68 + 27 = __________ = ____

69 + 16 = ____ 38 + 25 = ____ 27 + 59 = ____ 39 + 43 = ____

77 + 19 = ____ 69 + 32 = ____ 25 + 39 = ____ 18 + 66 = ____

4. Finde die passenden Zahlen!

37	29	42	18
____ +	____ +	____ =	97

39	23	17	33
____ +	____ +	____ =	95

16	56	5	28	23
____ +	____ +	____ =		100

14	46	38	36	17
____ +	____ +	____ =		88

Name: ____ **KV 8**

Minusaufgaben im Zahlenraum bis 100

1. Flo und Flipp gehen in den Schreibwarenladen. Flo will sich einen neuen Füller und Tinte kaufen. In der Geldbörse sind 27 Euro. 8 Euro muss sie unbedingt behalten, weil sie sich noch den neuesten Film im Kino ansehen will.
Wie viel Geld darf Flo höchstens ausgeben?

Flo rechnet:

27 Euro – ☐ = 8 Euro

Flipp rechnet:

27 Euro – 8 Euro = ________

Wie rechnest du? ____

Antwort: ____

2. Löse die Aufgaben!

84 – 27 = ______ 64 – 38 = ______ 54 – 26 = ______ 81 – 73 = ______

71 – 26 = ______ 68 – 46 = ______ 88 – 59 = ______ 77 – 38 = ______

58 – 49 = ______ 75 – 34 = ______ 52 – 18 = ______ 67 – 56 = ______

3. Rechne aus!

38 – ______ = 19 77 – ______ = 48 83 – ______ = 52 91 – ______ = 34

44 – ______ = 27 74 – ______ = 36 64 – ______ = 46 22 – ______ = 9

53 – ______ = 39 43 – ______ = 31 92 – ______ = 39 74 – ______ = 18

4. Nutze die Zehnernähe!

Beispiele: 73 – 49 = 73 – 50 + 1 = 24

(–1) (–1)
91 – 56 = 90 – 55 = 35

75 – 19 = ____________ = ______ 41 – 14 = ____________ = ______

100 – 78 = ____________ = ______ 51 – 19 = ____________ = ______

64 – 49 = ____________ = ______ 71 – 16 = ____________ = ______

76 – 27 = ____________ = ______ 71 – 47 = ____________ = ______

77 – 29 = ______ 31 – 17 = ______ 81 – 38 = ______ 81 – 39 = ______

Name: ______________________ **KV 9**

Rechengeschichten

Finde zu jedem Bild eine passende Rechenfrage, die Aufgabe sowie die Antwort!

Frage: ______________________

____

Rechnung:

____

Antwort: ______________________

Frage: ______________________

____

Rechnung:

____

Antwort: ______________________

Frage: ______________________

____

Rechnung:

____

Antwort: ______________________

Frage: ______________________

____

Rechnung:

____

Antwort: ______________________

Lehrer-Info: Zielwerfen – ein Rechenspiel

Materialbedarf

- ❑ Spielpläne in drei Schwierigkeitsstufen; KV 11–13, S. 15–17 jeweils auf DIN A3 vergrößern und laminieren. Die Anzahl richtet sich nach dem Leistungsgefüge und der Größe der Klasse. Ein Spielplan kann von bis zu sechs Schülern genutzt werden.
- ❑ Klebeband
- ❑ Lösungsblätter KV 15–17, S. 18 und 19 je in der Anzahl der entsprechenden Spielpläne kopieren, auf DIN A4 vergrößern.
- ❑ KV 10 (siehe unten) auf Folie kopieren.
- ❑ Aufgabenzettel KV 14, S. 18 in Schülerzahl
- ❑ pro Kind eine 1-Cent-Münze

Vorbereitung

- ❑ Die Spielpläne an gut zugänglichen Stellen platzieren und festkleben. Die Wurflinie in ca. einem Meter Abstand vom Spielplan mit Klebeband markieren.
- ❑ Die Lösungsblätter z. B. hinter der Tafel aufhängen.

Hinführung

- ❑ **Impuls:** Der Lehrer zeigt einen Spielplan. Dieser Plan gehört zu einem Rechenspiel, das sich Flipp und Flo ausgedacht haben.
- ❑ **UG:** Die Schüler stellen Vermutungen über das Spiel an: Es wird etwas geworfen. Man muss die Aufgaben treffen und rechnen.
- ❑ **Impuls:** Der Lehrer zeigt das Folienbild KV 10: Flipp und Flo spielen das Spiel.
- ❑ **UG:** Die Schüler erkennen, dass Flo auf einen Aufgabenzettel eine Rechnung schreibt. Flipp wirft gerade mit einer Münze.
- ❑ Einzelne Schüler probieren das Werfen.
- ❑ **Zielangabe:** Wir spielen heute dieses Rechenspiel. Es heißt Zielwerfen.

Spielphase

- ❑ **Klärung des Spielziels:** Jedes Kind erhält einen Aufgabenzettel (KV 14). Darauf sollen möglichst viele Aufgaben mit dem richtigen Ergebnis eingetragen werden. Jede richtige Aufgabe wird zum Schluss mit einem Punkt bewertet. Man kann entweder die Schüler einzeln werten oder Mannschaften bilden. Ziel kann auch ein hohes Klassenergebnis sein, das bei einer Wiederholung des Spiels zu übertreffen ist.
- ❑ **Klärung des Spielverlaufs:** Der Aufgabenzettel bleibt während des gesamten Spiels auf dem Platz des Kindes liegen. Die Schüler gehen zum Spielplan und werfen. Jeder hat höchstens drei Würfe. Wer dann nichts Passendes getroffen hat, stellt sich wieder an. Hat ein Kind getroffen, merkt es sich die Aufgabe mit ihrer Nummer. Es kehrt zum Platz zurück, notiert die Aufgabe und rechnet sie aus. Dann stellt es sich wieder an. Es besteht jederzeit die Möglichkeit, einzelne Aufgaben anhand der Lösungsblätter zu kontrollieren. Die Spielzeit wird festgelegt, z. B. auf 25 Minuten.
- ❑ **Spielbeginn:** Jedes Kind entscheidet nun, mit welchem Spielplan es spielen will. Dann stellen sich alle entsprechend an. Der Lehrer achtet auf eine gleichmäßige Verteilung und gibt die Münzen aus. Das Spiel beginnt und die Zeit läuft.
- ❑ **Auswertung:** Die Punktvergabe erfolgt durch den Lehrer oder andere Schüler.

Weiterarbeit

Erstellung neuer Spielpläne mit Hilfe der Blankovorlage KV 18, S. 20. Das Spiel kann so immer wieder mit wechselnden Aufgabentypen gespielt werden, z. B. mit Einmaleinsaufgaben.

Material zur Einführung des Rechenspieles „Zielwerfen“	KV 10

Zielwerfen: Spielplan 1

Merke dir die Aufgabe und die Aufgabennummer und notiere die gesamte Rechnung auf deinem Aufgabenzettel!

1 56 + 3

2 53 + 8

3 78 – 6

4 88 – 3

5 89 – 8

6 47 – 4

7 80 – 20 – 10

Glückwunsch!
Du darfst dir eine Aufgabe aussuchen!

8 26 + 4 + 3

9 67 + 3 + 5

10 29 + 3

11 47 – 7 – 2

Glückwunsch!
Du darfst dir eine Aufgabe aussuchen!

12 42 – 2 – 3

Glückwunsch!
Du darfst dir eine Aufgabe aussuchen!

13 52 – 2 – □ = 44

14 77 + 0

15 42 + 8

16 78 – 8 – □ = 63

Wirf noch einmal!

Zielwerfen: Spielplan 2

Merke dir die Aufgabe und die Aufgabennummer und notiere die gesamte Rechnung auf deinem Aufgabenzettel!

1 56 + 4 + 8

2 27 + 3 + 9

3 25 + 8

4 75 – □ = 67

5 23 + 7 + 5 + 3

6 89 – 9 – 6 – 2

7 36 – □ = 27

8 45 – 5 – 8

Glückwunsch!
Du darfst dir eine Aufgabe aussuchen!

9 89 + □ = 94

10 69 – 9 – 5

11 3 + 16 + 4

12 49 + 9

Glückwunsch!
Du darfst dir eine Aufgabe aussuchen!

13 65 – 5 – 4

Glückwunsch!
Du darfst dir eine Aufgabe aussuchen!

14 58 – 8 – □ = 43

15 78 + 0 + 2 + 8

16 34 + 7

17 89 + 4

18 78 – 9

Wirf noch einmal!

Zielwerfen: Spielplan 3

Merke dir die Aufgabe und die Aufgabennummer und notiere die gesamte Rechnung auf deinem Aufgabenzettel!

1 56 + 23

2 24 + 55

3 25 + 64

4 75 – □ = 60

5 23 + 12 + 11

6 89 – □ = 72

7 36 – □ = 17

8 45 – 14

Glückwunsch!
Du darfst dir eine Aufgabe aussuchen!

9 47 + 4 + 6

10 42 + 53

11 34 + 45

12 96 – 83

13 69 + 11

Glückwunsch!
Du darfst dir eine Aufgabe aussuchen!

14 96 – 12

Glückwunsch!
Du darfst dir eine Aufgabe aussuchen!

15 58 – 9 – □ = 43

16 76 – 22 – 11 – 0 – 10

17 33 + 66

18 12 + 13 + 34

19 23 + 22 + 32

Wirf noch einmal!

Zielwerfen: Aufgabenzettel von ______________ Spielplan ____ | KV 14

Trage die Aufgabe hinter ihrer Nummer ein und berechne das Ergebnis!

1	
2	
3	
4	
5	
6	
7	
8	
9	
10	

11	
12	
13	
14	
15	
16	
17	
18	
19	

Kontrolliere deine Ergebnisse!

Zielwerfen: Lösungsblatt zum Spielplan 1 (KV 11) | KV 15

Kontrolliere, ob du die Aufgabe richtig notiert hast und ob das Ergebnis stimmt!

1	56 + 3 = 59
2	53 + 8 = 61
3	78 – 6 = 72
4	88 – 3 = 85
5	89 – 8 = 81
6	47 – 4 = 43
7	80 – 20 – 10 = 50
8	26 + 4 + 3 = 33
9	67 + 3 + 5 = 75
10	29 + 3 = 32

11	47 – 7 – 2 = 38
12	42 – 2 – 3 = 37
13	52 – 2 – 6 = 44
14	77 + 0 = 77
15	42 + 8 = 50
16	78 – 8 – 7 = 63
17	keine Aufgabe
18	keine Aufgabe
19	keine Aufgabe

Zielwerfen: Lösungsblatt zum Spielplan 2 (KV 12) — KV 16

Kontrolliere, ob du die Aufgabe richtig notiert hast und ob das Ergebnis stimmt!

1 56 + 4 + 8 = 68	11 3 + 16 + 4 = 23
2 27 + 3 + 9 = 39	12 49 + 9 = 58
3 25 + 8 = 33	13 65 – 5 – 4 = 56
4 75 – 8 = 67	14 58 – 8 – 7 = 43
5 23 + 7 + 5 + 3 = 38	15 78 + 0 + 2 + 8 = 88
6 89 – 9 – 6 – 2 = 72	16 34 + 7 = 41
7 36 – 9 = 27	17 89 + 4 = 93
8 45 – 5 – 8 = 32	18 78 – 9 = 69
9 89 + 5 = 94	19 keine Aufgabe
10 69 – 9 – 5 = 55	

Zielwerfen: Lösungsblatt zum Spielplan 3 (KV 13) — KV 17

Kontrolliere, ob du die Aufgabe richtig notiert hast und ob das Ergebnis stimmt!

1 56 + 23 = 79	11 34 + 45 = 79
2 24 + 55 = 79	12 96 – 83 = 13
3 25 + 64 = 89	13 69 + 11 = 80
4 75 – 15 = 60	14 96 – 12 = 84
5 23 + 12 + 11 = 46	15 58 – 9 – 6 = 43
6 89 – 17 = 72	16 76 – 22 – 11 – 0 – 10 = 33
7 36 – 19 = 17	17 33 + 66 = 99
8 45 – 14 = 31	18 12 + 13 + 34 = 59
9 47 + 4 + 6 = 57	19 23 + 22 + 32 = 77
10 42 + 53 = 95	

Zielwerfen: Spielplan

Merke dir die Aufgabe und die Aufgabennummer und notiere die gesamte Rechnung!

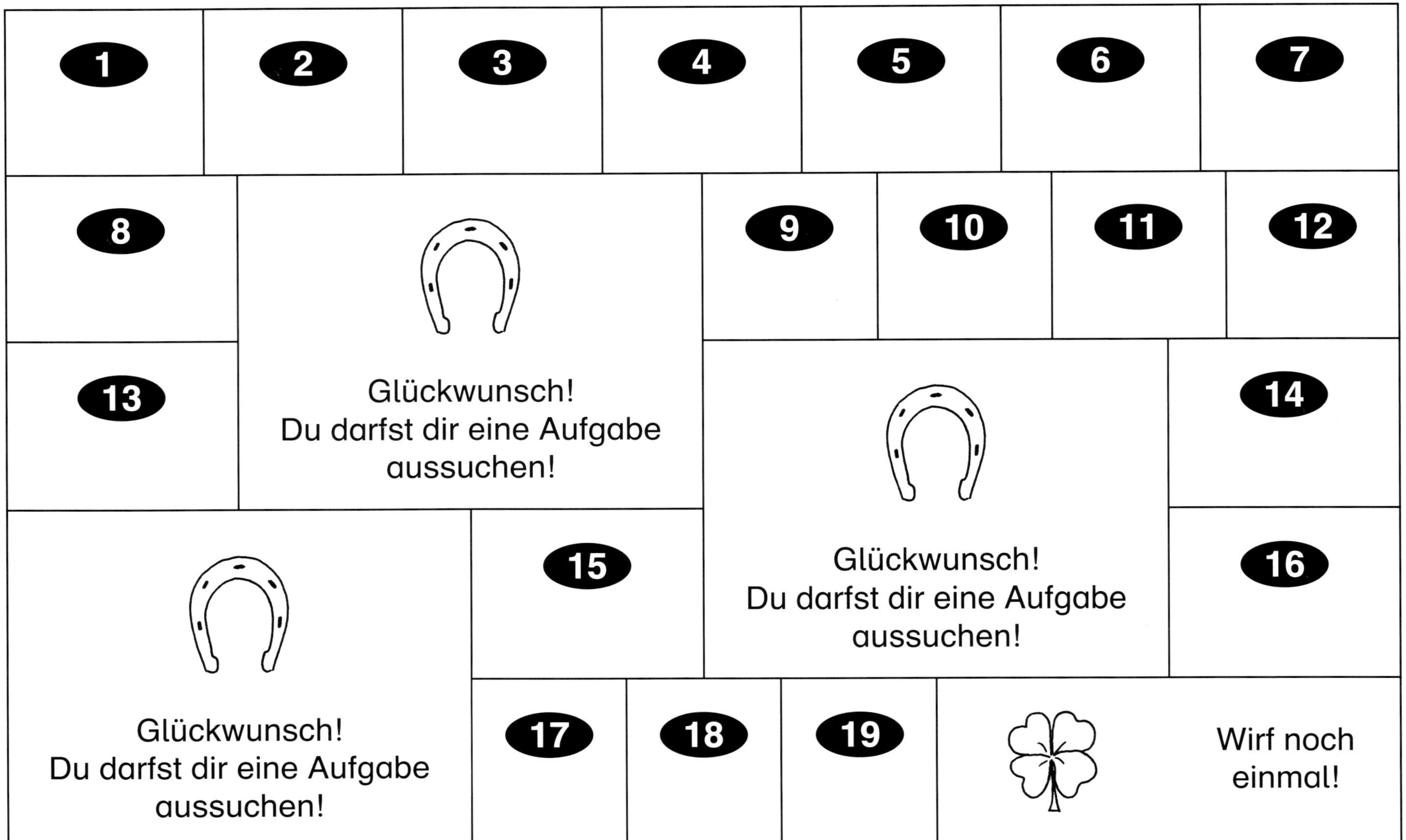

Lehrer-Info: Orientieren und Rechnen im Hunderterraum (Lerntheke)

Materialbedarf

- ❑ KV 19 (Laufzettel) in Schülerzahl kopieren (siehe unten)
- ❑ KV 20–31, S. 22–27 (Aufgabenkarten) in Schülerzahl kopieren
- ❑ pro Aufgabenkarte ein oder zwei Lösungsblätter
- ❑ **Tipp:** Die Aufgabenkarten vierfach kopieren und laminieren. Die Kinder arbeiten dann mit einem wasserlöslichen Folienstift direkt auf den Karten. Nach der Kontrolle kann die Karte gereinigt und wieder verwendet werden.

Erläuterungen zur Lerntheke

Allgemein:

- ❑ Im Unterschied zur Stationenarbeit (vgl. die Ausführungen auf S. 52) werden bei einer Lerntheke auf einem Tisch unterschiedliche Materialien angeboten.
- ❑ Die Kinder wählen selbstständig Aufgaben aus, bearbeiten und kontrollieren diese.
- ❑ Nach Erledigung der Aufgaben stellen sie das Material zurück auf den Tisch.
- ❑ Anschließend holen sich die Kinder neues Material.

Bearbeitungszeitraum:

- ❑ Die Lernthekenarbeit kann als einzelne Übungsstunde angelegt sein.
- ❑ Es bietet sich jedoch ebenso gut an, eine Lerntheke über einen bestimmten Zeitraum stehen zu lassen, sodass immer wieder daran gearbeitet werden kann.
- ❑ Die Lernthekenarbeit kann sehr gut in den Wochenplan integriert werden.

Name: ______________________________ KV 19

Orientieren und Rechnen im Hunderterraum (Laufzettel)

Hake alle Aufgaben ab, die du bearbeitet und korrigiert hast!

Aufgabe	Kontrolle
Sternenhimmel	
Zahlensuche	
Zahlen ordnen und vergleichen	
Zahlenfolgen	
Zusammenzählen	
Abziehen	
Rechne geschickt	
Kettenaufgaben	
Tüftlerecke	
Fehlersuche	
Sachaufgabe 1	
Sachaufgabe 2	

Name: ______________________________ **KV 20**

Sternenhimmel

1								*	10
			*						
		*							*
				*					
					*				
51		*					*		60
								*	
			*			*			
*									*
91			*					*	100

1. Finde die Sterne im Hunderterfeld und schreibe sie als Zahl auf!

____, ____, ____, ____, ____
____, ____, ____, ____, ____
____, ____, ____, ____, ____

2. Ein Stern hat sich hinter Wolken versteckt. Du findest ihn, wenn du die Zahlen der ersten vier Sterne zusammenzählst.

____ + ____ + ____ + ____ = ____

Zeichne die Wolke ins Hunderterfeld ein!

Name: ______________________________ **KV 21**

Zahlensuche

1		☐					☐		10
☐		☐				☐	☐		
	☐	☐					☐	☐	
		☐	☐				☐		
					☐				
51		☐		☐	☐	☐			60
	☐				☐			☐	
☐					☐			☐	☐
	☐						☐	☐	
91	☐	☐		☐		☐			100

1. Trage die fehlenden Zahlen in den umrandeten Feldern ein!

2. Welche Zahlen könnten in der Figur unten stehen?

   Finde unterschiedliche Lösungsmöglichkeiten und notiere drei auf deinen Block!

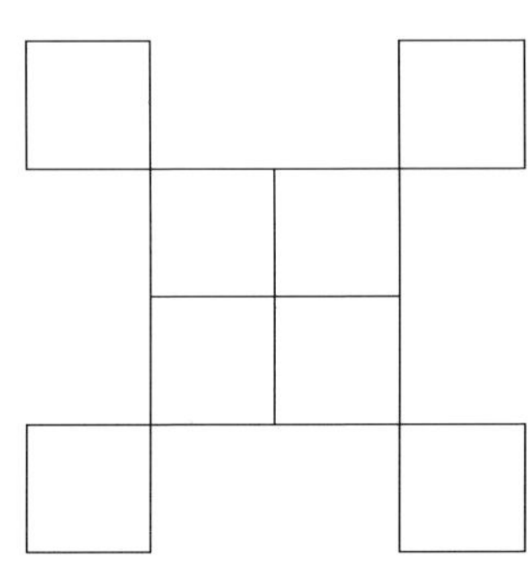

Name: ______________________________ | KV 22

Zahlen ordnen und vergleichen

1. Ordne die Zahlen der Größe nach! Beginne mit der kleinsten!

   a) 15, 97, 100, 8, 37, 54 ______________________________

   b) 63, 14, 34, 10, 53, 17 ______________________________

   c) 66, 39, 48, 33, 27, 89 ______________________________

   d) 74, 62, 77, 67, 69, 76 ______________________________

2. Setze das richtige Zeichen ein: < > =

17 ○ 66	23 ○ 19	10 + 8 ○ 14 + 10
58 ○ 38	52 ○ 56	67 + 3 ○ 53 + 9
67 ○ 49	49 ○ 69	100 – 40 ○ 61
23 ○ 73	36 ○ 63	17 + 4 – 3 ○ 18 + 10 – 4
59 ○ 99	71 ○ 41	99 – 13 ○ 88 + 4

Name: ______________________________ | KV 23

Zahlenfolgen

1. Gehe in den angegebenen Schritten vorwärts und rückwärts !

   a) 5er-Schritte vorwärts: 60, ____, ____, ____, ____, ____, ____, ____, ____

   b) 7er-Schritte vorwärts: 6, ____, ____, ____, ____, ____, ____, ____, ____

   c) 3er-Schritte rückwärts: 72, ____, ____, ____, ____, ____, ____, ____, ____

   d) 8er-Schritte rückwärts: 98, ____, ____, ____, ____, ____, ____, ____, ____

2. Wie groß sind die Schritte? Ergänze die fehlenden Zahlen!

   2, 4, 8, 10, 14, ____, ____, ____, ____

   99, 90, ____, ____, ____, ____, ____

Name: ____________________ **KV 24**

Zusammenzählen

+ 15	
79	
37	
48	

+ 27	
18	
62	
59	

+ 32	
36	
22	
19	

+ 48	
45	
38	
27	

+	47	38	25	
13				57
36				
		67		

+	33	27	19	48
17				
		65		77
48				

Name: ____________________ **KV 25**

Abziehen

– 36	
99	
68	
73	

– 54	
100	
92	
61	

– 17	
88	
74	
93	

– 28	
63	
32	
97	

–	18	67		45
100			67	
73				
		19		

–	37	64		46
85			58	
		32		
79				

Name: ______________________ KV 26

Rechne geschickt!

Nutze den Rechenvorteil!

38 + 17 = ______	100 – 39 = ______	28 + 13 + 52 = ______
49 + 37 = ______	68 – 16 = ______	26 + 29 + 44 = ______
89 + 11 = ______	72 – 12 = ______	70 + 9 + 20 = ______
79 + 20 = ______	81 – 39 = ______	23 + 16 + 57 = ______
25 + 29 = ______	67 – 29 = ______	32 + 48 + 12 = ______
69 + 28 = ______	54 – 49 = ______	25 + 35 + 19 = ______
17 + 19 = ______	51 – 19 = ______	64 + 16 + 11 = ______
31 + 68 = ______	32 – 21 = ______	38 + 26 + 33 = ______

Name: ______________________ KV 27

Kettenaufgaben

START								ZIEL
6	+ 69 →	75	– 21 →		+ 28 →		– 51 →	31
7	+ 58 →		+ 18 →		– 19 →		– 21 →	
8	+ 31 →		+ 21 →		– 39 →		+ 79 →	
9	+ 51 →		+ 39 →		– 79 →		+ 80 →	
10	+ 45 →		– 25 →		+ 59 →		– 79 →	

Name: ______________________ KV 28

Tüftlerecke

Setze das richtige Rechenzeichen ein: + oder –

47 ◯ 7 ◯ 28 = 68   49 ◯ 36 ◯ 56 = 29

99 ◯ 39 ◯ 28 = 88   54 ◯ 16 ◯ 29 = 99

47 ◯ 36 ◯ 56 = 67   77 ◯ 56 ◯ 64 = 85

17 ◯ 23 ◯ 54 = 94   98 ◯ 58 ◯ 37 = 77

29 ◯ 15 ◯ 78 = 92   100 ◯ 67 ◯ 29 = 4

Name: ______________________ KV 29

Fehlersuche

Hier haben sich Flipp und Flo verrechnet. Kreise den Rechenfehler ein und rechne die Aufgabe darunter richtig!

47 – 28 =	28 + 63 =	45 – 27 =
47 – 30 = 17	28 + 60 = 88	35 – 20 = 15
17 – 2 = 15	87 + 3 = 90	15 – 7 = 8

So ist es richtig:

Rechne richtig im Heft: 74 – 36   24 + 58   62 – 47

Name: ____________________ **KV 30**

Sachaufgabe 1

Flo will sich 15 Spielzeugautos kaufen.
Ein Auto kostet 2 Euro. Flo hat 50 Euro.

Frage:	
Rechnung:	
Antwort:	

Rechne weiter im Heft!
In Flos Sparschwein sind schon 17 Euro. Sie wirft die Hälfte des Geldes, das sie vom Autokauf übrig hat, hinein.

Name: ____________________ **KV 31**

Sachaufgabe 2

Finde möglichst viele Aufgaben! Du hast 50 Euro im Geldbeutel.

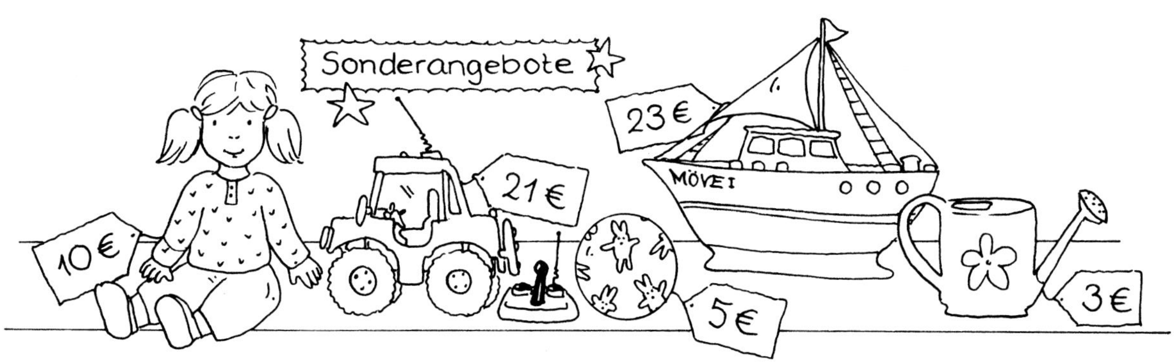

Name: ______________________ Datum: ________	KV 32

Lernzielkontrolle

1. Berechne!

41 + 8 = ______ 73 + 12 = ______ 74 + 17 = ______

36 + 9 = ______ 64 + 16 = ______ 63 + 29 = ______

39 – 8 = ______ 63 – 12 = ______ 74 – 29 = ______

43 – 5 = ______ 78 – 36 = ______ 74 – 36 = ______ /6

2. Rechne aus und schreibe die Umkehraufgabe dazu!

37 + 12 = __________ Umkehraufgabe: ____________________

43 – 14 = __________ Umkehraufgabe: ____________________ /2

3. Fasse zusammen! Rechne geschickt!

32 + 17 + 18 = __________ 49 + 25 – 29 = __________

45 + 11 + 15 + 29 = __________ 86 – 29 – 26 = __________ /6

4. Ergänze!

34 + ______ = 68 75 + ______ = 99 12 + ______ = 76

______ + 24 = 90 ______ + 13 = 78 ______ + 63 = 91 /3

5. Vermindere! Löse mit Hilfe der Tauschaufgabe!

87 – ______ = 56 52 – ______ = 38 73 – ______ = 58

______________ ______________ ______________

______________ ______________ ______________

______________ ______________ ______________ /3

6. Susi hat zum Geburtstag 89 Euro bekommen. Sie möchte Schuhe für 49 Euro, ein Puppenkleid für 16 Euro und Puppenschuhe für 12 Euro kaufen.

Frage: Wie viel Geld bleibt übrig?

Rechnungen: ____

____

____

Antwort: ____ /4

Gesamt: ___/24

Name: ______________________________ KV 33

Meine Hundertertafel

1	2	3	4	5	6	7	8	9	10
									20
									30
									40
									50
									60
									70
									80
									90
									100

Name: ______________________________ KV 34

Zahlenmauern

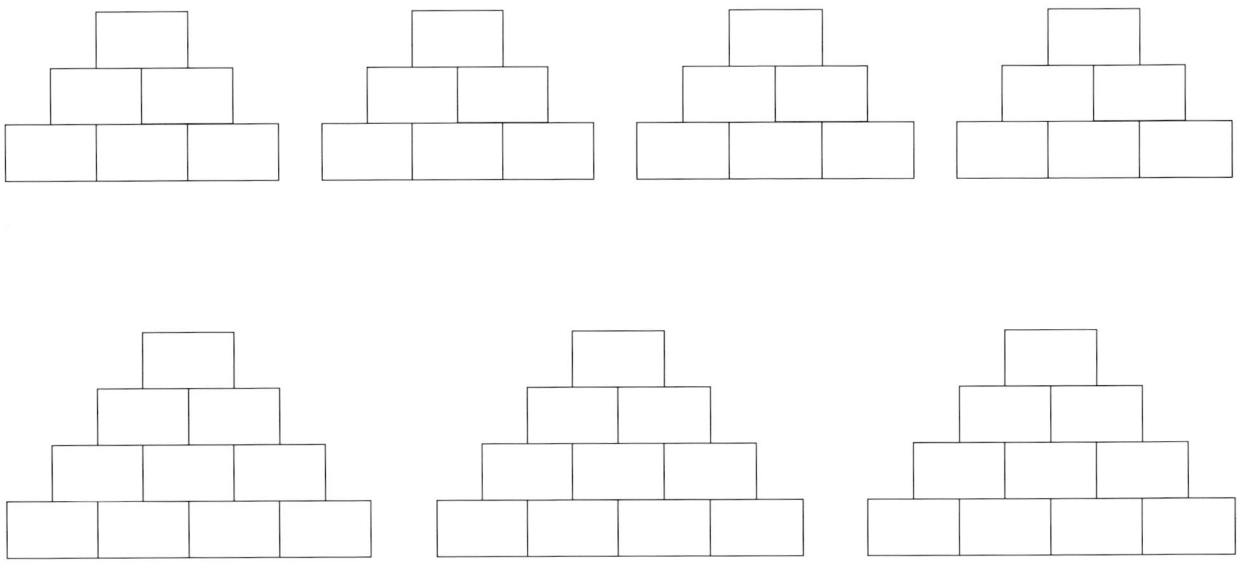

Name: ______________________________ KV 35

Zahlendreiecke

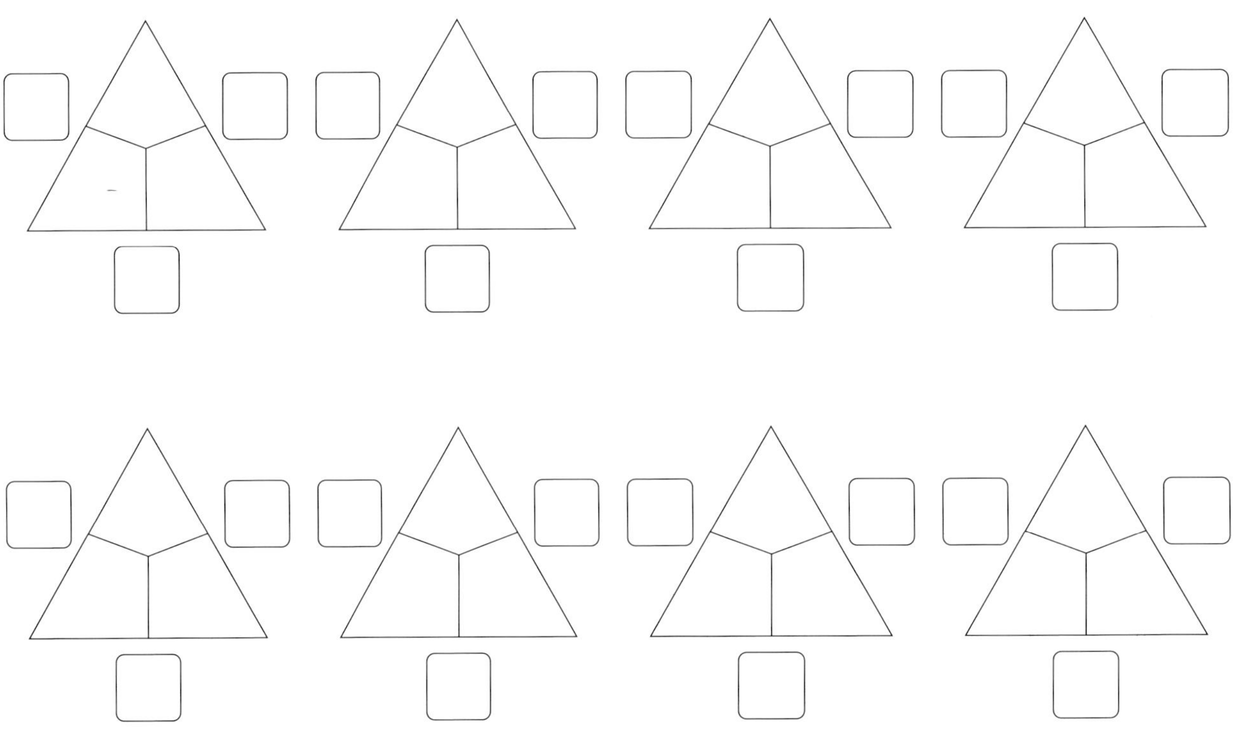

Lehrer-Info: Einführung der Achsensymmetrie

Materialbedarf

- ❑ Folie von KV 36, S. 32
- ❑ pro Schüler: Schere, Lineal und Bleistift
- ❑ pro Schülerpaar: Durchschlagpapier DIN A5, eine Pinnnadel sowie KV 37, S. 33
- ❑ in Schülerzahl KV 38, S. 33

Hinführung

- ❑ **Impuls:** Flipp und Flo möchten etwas basteln. Sie haben Probleme mit der Vorlage. (Folienbild KV 36)
- ❑ **UG:** Die Schüler erkennen, dass Flipp und Flo Tannenbäume ausschneiden möchten. Als Vorlage haben sie aber nur einen halben Tannenbaum (Tafelanschrift 1). Sie Schüler berichten von eigenen Erfahrungen beim Zeichnen: Es ist schwierig, zwei Seiten „gleich" zu zeichnen.
- ❑ **Problemfrage:** Wie finde ich die zweite Hälfte des Tannenbaumes? (Tafelanschrift 2)

Erarbeitung

- ❑ **UG:** Schülervorschläge werden unreflektiert gesammelt.
- ❑ **Partnerarbeit:** Jedes Paar erhält einen Umschlag mit der Vorlage (KV 37), einer Pinnnadel und Durchschlagpapier. Bleistift, Schere und Lineal halten die Schüler bereit.

  Arbeitsauftrag: Versucht den Tannenbaum gleichmäßig zu vervollständigen!
- ❑ **Präsentation der Ergebnisse:** Die Pinnnadeln und das Durchschlagpapier werden eingesammelt. Die vollständigen Bäume werden gezeigt und hinsichtlich ihrer Regelmäßigkeit verglichen.
- ❑ **Problemlösung:** In dieser Phase ist besonders auf eine exakte Versprachlichung der Arbeitsschritte zu achten. Es werden folgende mögliche Lösungen erarbeitet und anhand einer Bildfolge an der Tafel konkretisiert (Tafelanschrift 3):
  - Man kann das Papier falten und den Baum dann ausschneiden.
  - Man kann das Papier falten und mit Hilfe des Durchschlagpapiers durchpausen.
  - Man kann das Papier falten, mit der Nadel an den Eckpunkten durchstechen und die Punkte anschließend mit dem Lineal verbinden.
- ❑ **Impuls:** Ein Arbeitsschritt war bei allen Lösungen notwendig.
- ❑ **UG:** Die Schüler erkennen, dass man bei jeder Lösung entlang einer bestimmten Linie faltet. Die Linie wird eingezeichnet (Tafelanschrift 4). Der Lehrer führt einen der synonymen Begriffe **Faltlinie, Faltachse, Spiegelachse** oder **Symmetrieachse** ein. Erneut wird versprachlicht, warum genau an dieser Linie gefaltet werden muss: Nur so erhalte ich das Spiegelbild der Hälfte. Beide Hälften sind dann **deckungsgleich** oder **symmetrisch**. (Tafelanschrift 5)

Anwendung

- ❑ **Einzelarbeit:** Jeder Schüler erhält einen halben Stern (KV 38) und vervollständigt diesen mit der Methode seiner Wahl. Pinnadeln und Durchschlagpapier sind beim Lehrer abzuholen.

Weiterarbeit

- ❑ KV 39 und 40, S. 34: Vervollständigung symmetrischer Figuren und Überprüfung der Symmetrie durch Ausschneiden und Falten.
- ❑ KV 41, S. 35 und KV 42, S. 36: Figuren mit Plättchen nachlegen, spiegeln und zeichnen.
- ❑ Arbeit mit dem 6 × 6-, 5 × 5- und 4 × 4-Geobrett:
  - KV 43, S. 37: Symmetrieachsen finden
  - KV 44, S. 38: Spiegeln mit einem Geobrett
  - KV 45, S. 39: Spiegeln mit zwei Geobrettern
  - KV 46, S. 40: Mehrfachspiegelungen
- ❑ Lernspiel: Symmetriememory KV 47, S. 41

Hinweis: Es ist auf einen ansteigenden Schwierigkeitsgrad der Aufgaben zu achten: Erst Figuren mit einer, dann mit mehreren Symmetrieachsen. Erst waagerechte oder senkrechte, danach diagonale Faltachsen. Zum Schluss: Mehrfachspiegelungen.

Tafelbild: Einführung der Achsensymmetrie

TA 2 Wie finde ich die zweite Hälfte des Tannenbaums ?

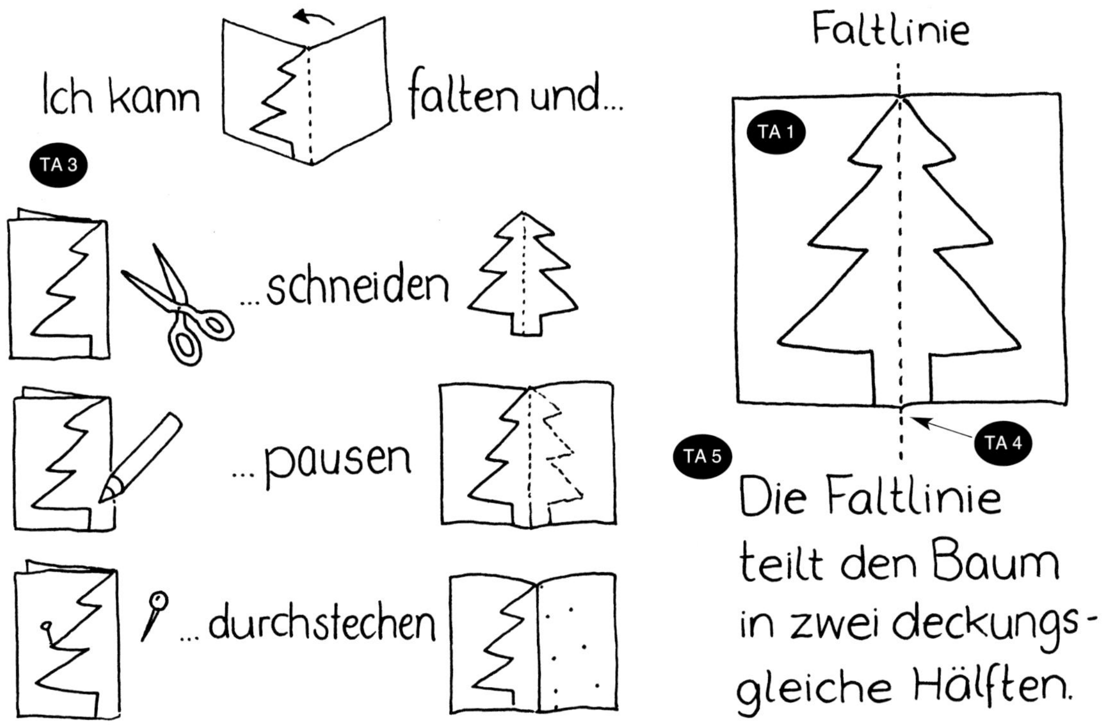

Material: Einführung der Achsensymmetrie | KV 36

Material: Einführung der Achsensymmetrie | KV 37

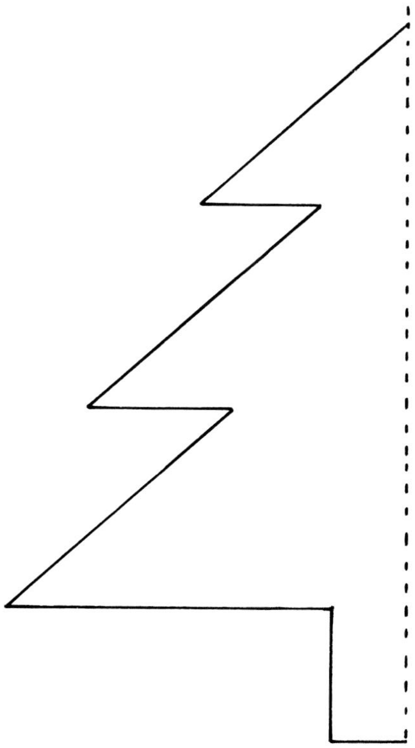

Material: Einführung der Achsensymmetrie | KV 38

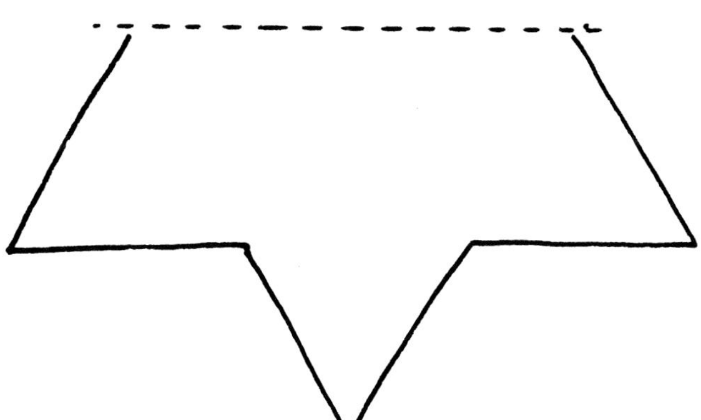

Figuren spiegelbildlich ergänzen

KV 39

Vervollständige die Figuren! Überprüfe durch Ausschneiden und Falten!

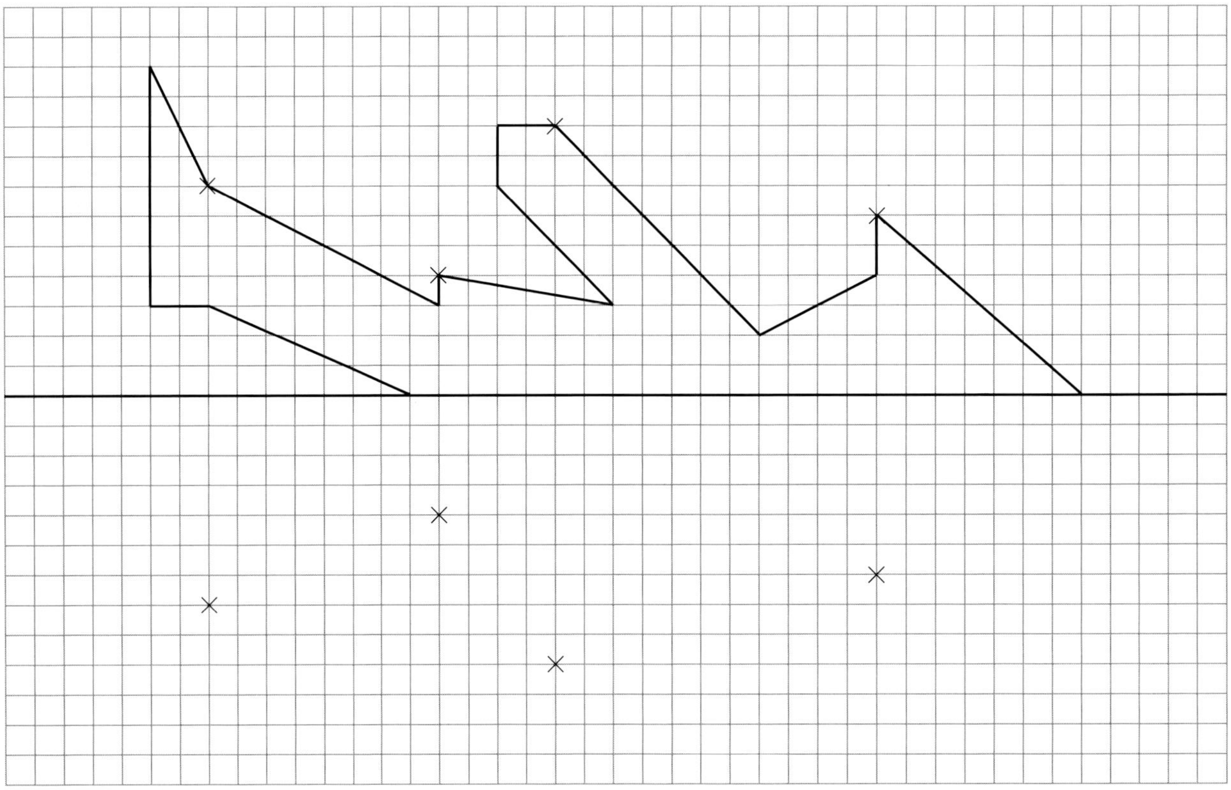

Figuren spiegelbildlich ergänzen

KV 40

Vervollständige die Figuren! Überprüfe durch Ausschneiden und Falten!

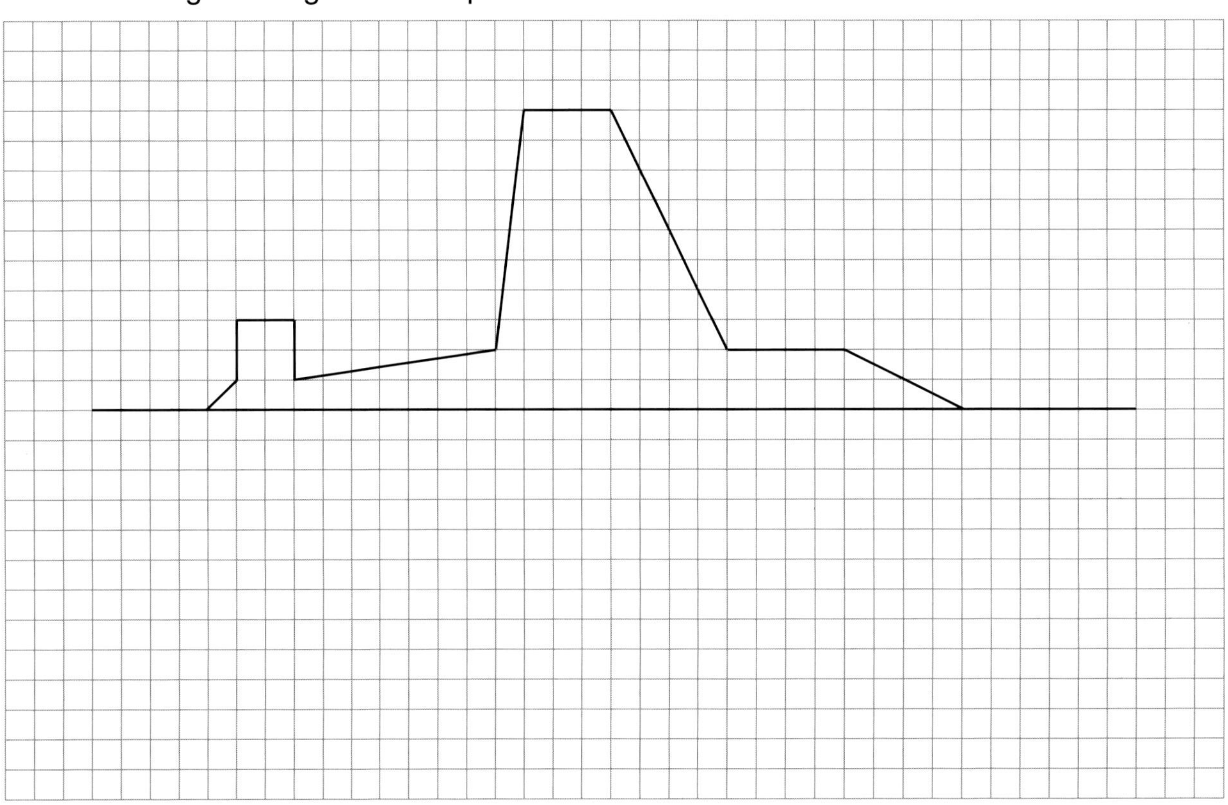

Name: ______________________________	KV 41

1. Schneide die Plättchen aus!

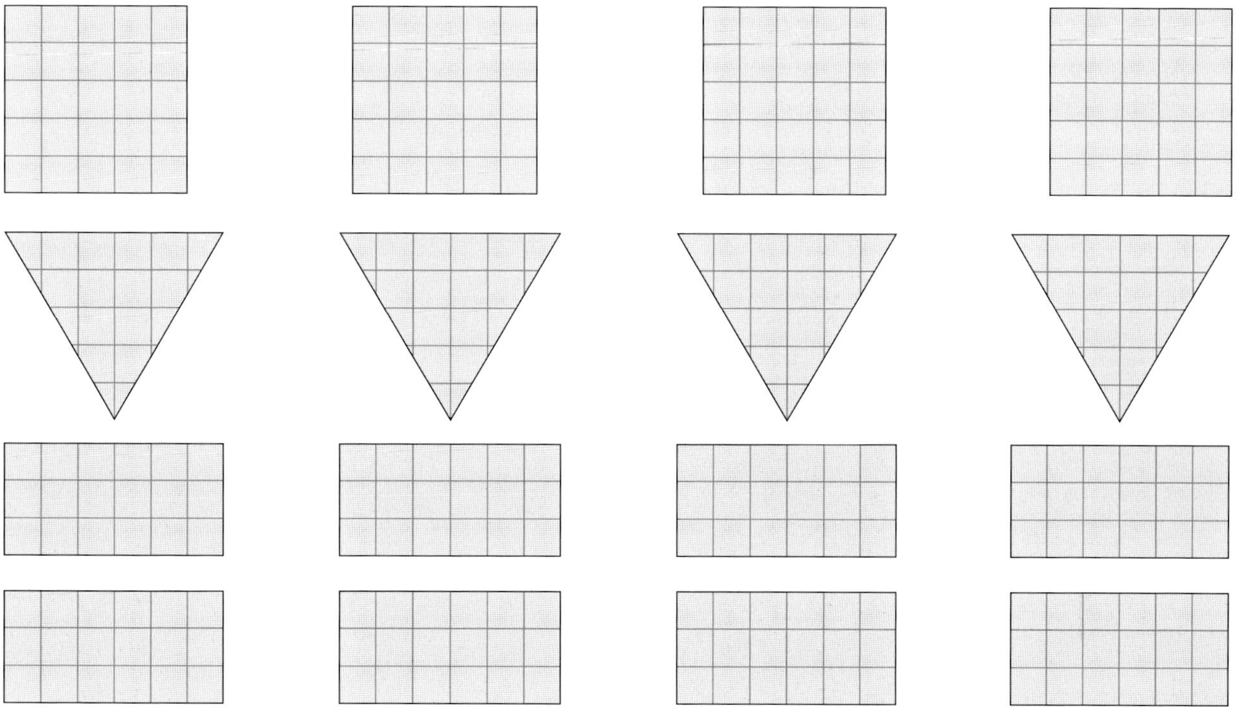

2. Lege mit den Plättchen erst die Figur und dann das Spiegelbild!
3. Zeichne das gesamte Bild in dein Heft!

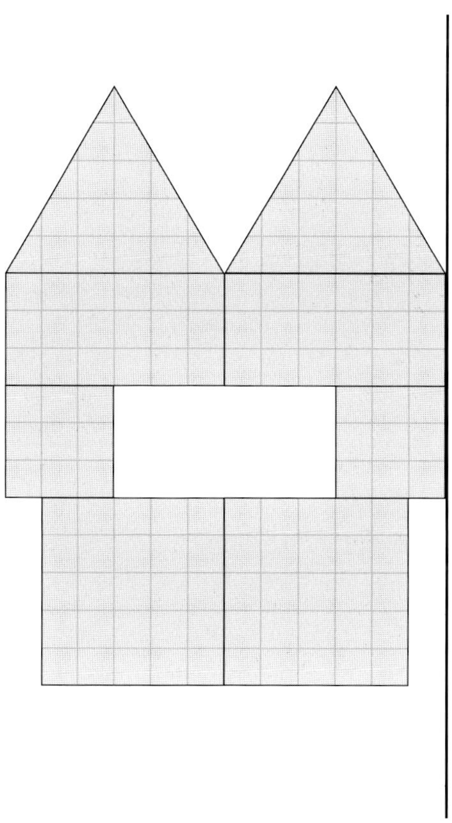

Name: ______________________________ KV 42

Muster legen und zeichnen

1. Lege die Muster mit deinen Plättchen nach!
2. Spiegle mit den Plättchen an der Symmetrieachse!
3. Zeichne die Spiegelbilder!

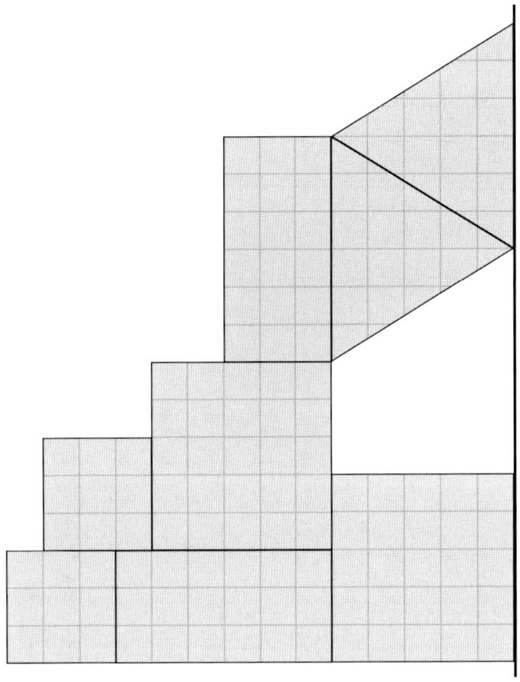

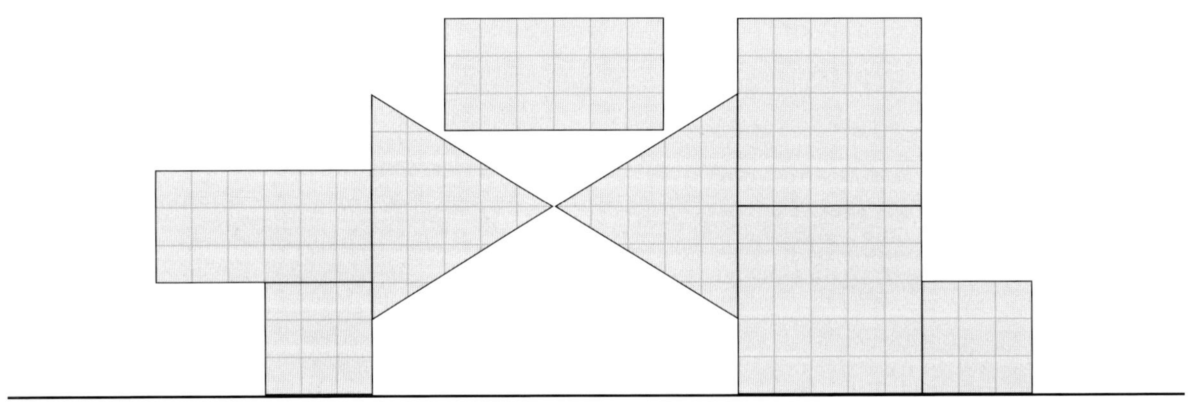

Name: ______________________ KV 43

Symmetrieachsen finden

Spanne die Figuren nach! Lege dann mit einem Faden die Symmetrieachsen!
Zeichne die Symmetrieachsen ein!

a)

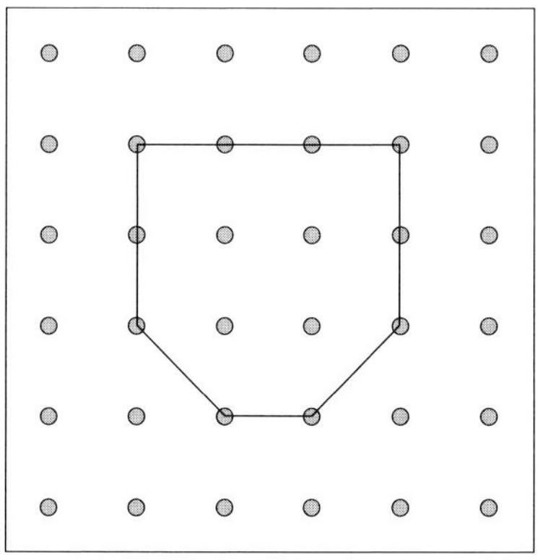

b)

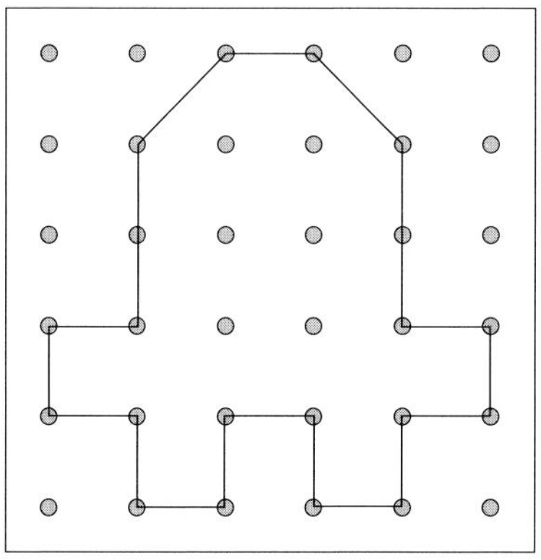

c)

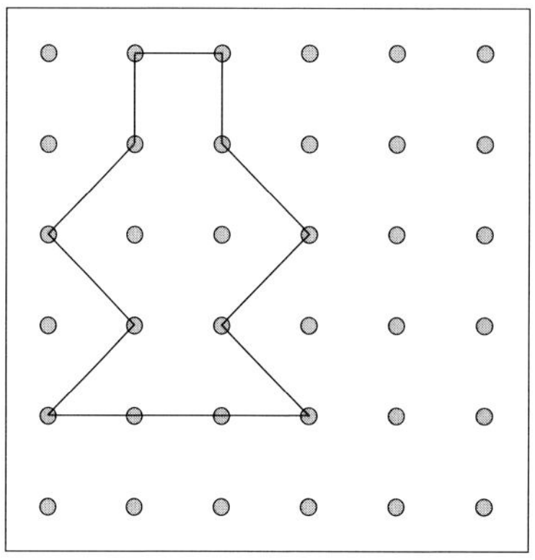

d)

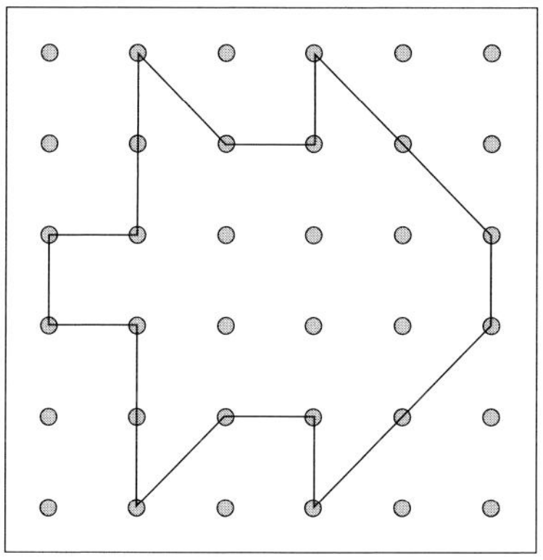

e)

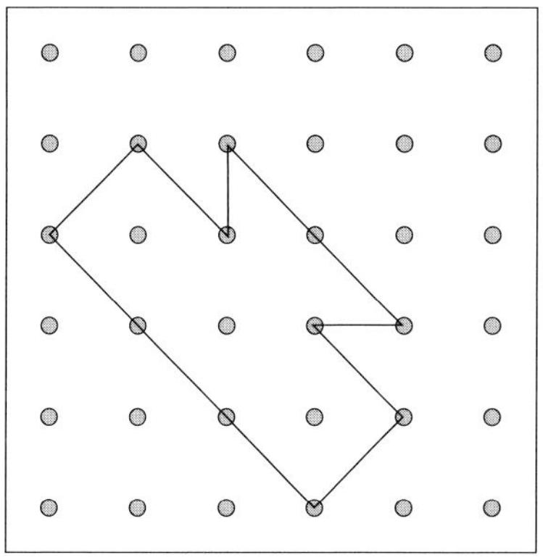

f)

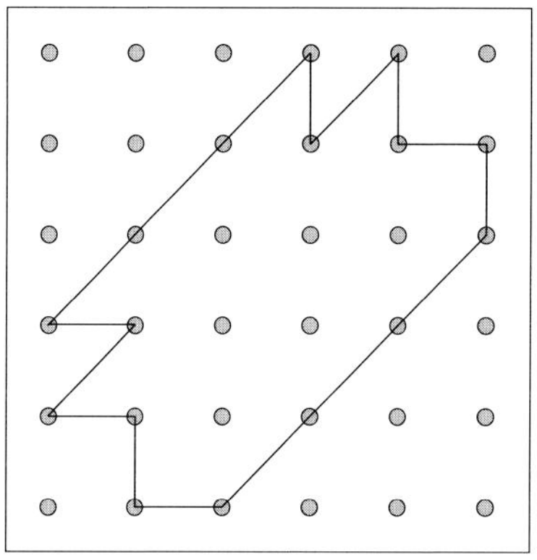

g)

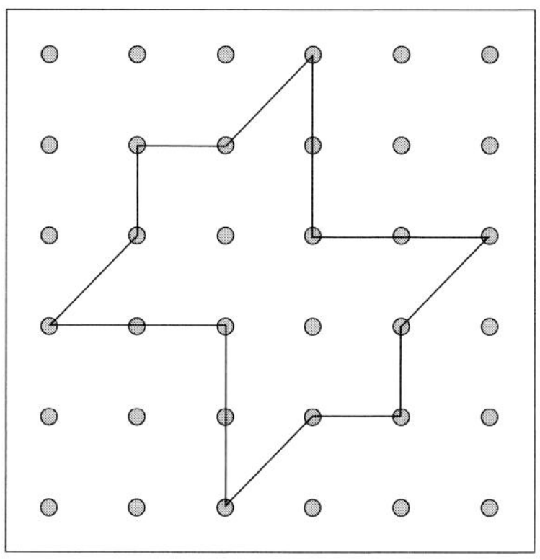

h)

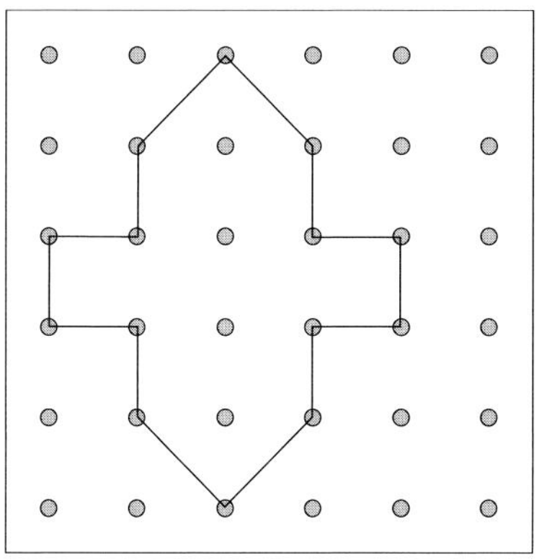

i)

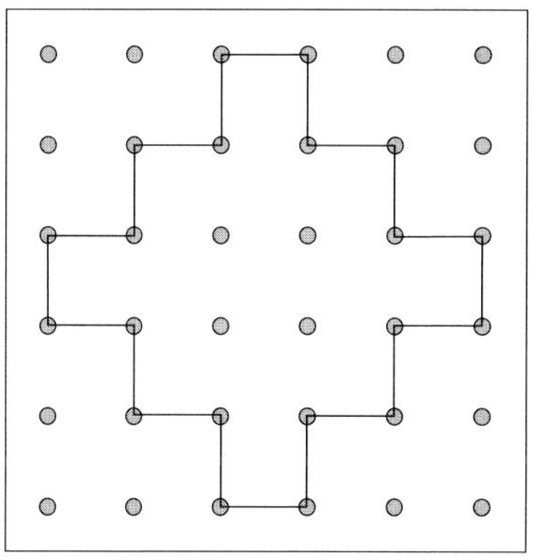

Name: ______________________

KV 46

Mehrfachspiegelungen

Spiegle zuerst an der senkrechten, dann an der waagerechten Symmetrieachse!
Zeichne die Spiegelbilder ein!

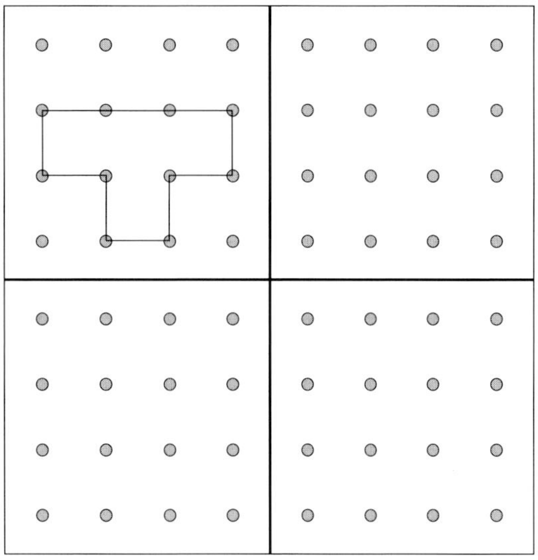

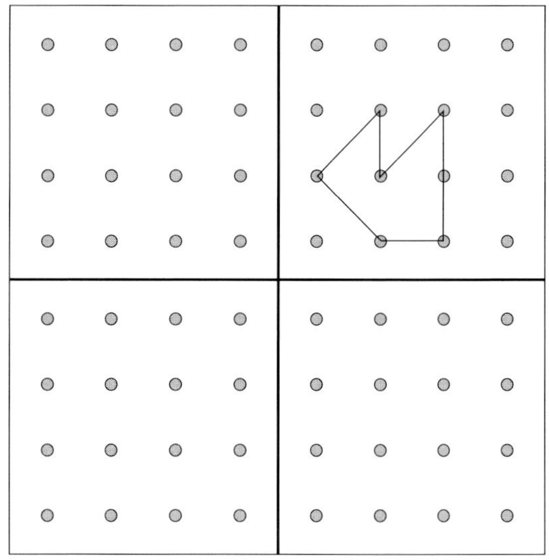

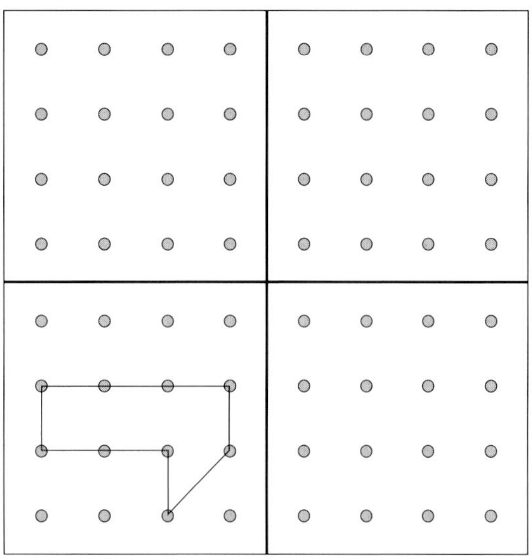

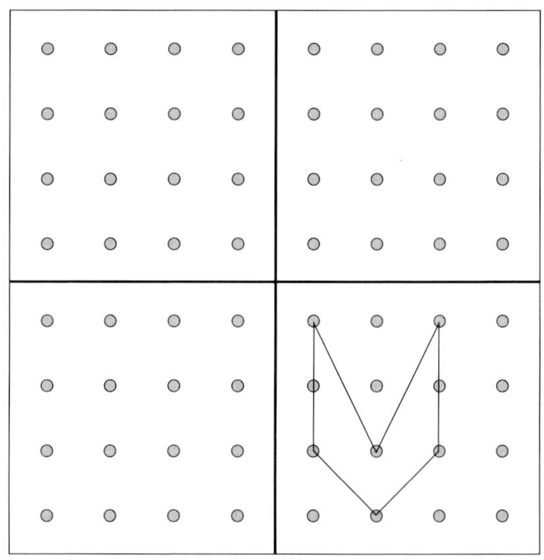

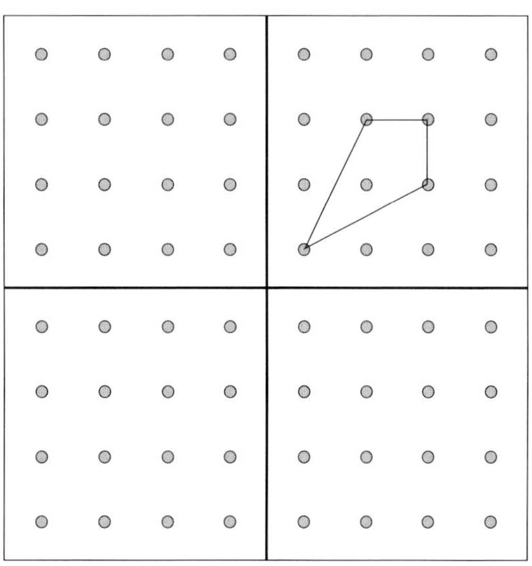

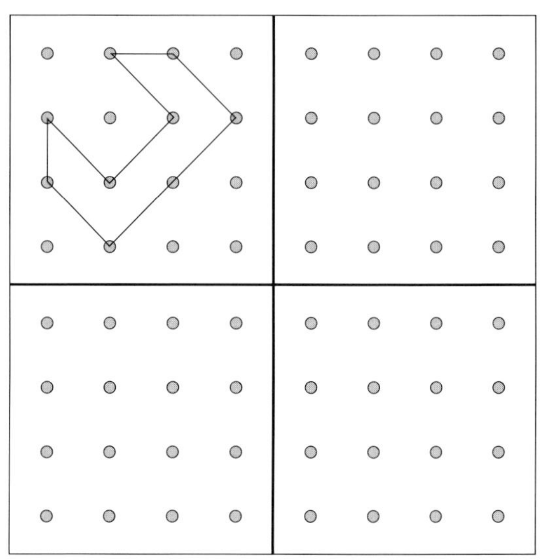

Name: ____________________ **KV 47**

Symmetriememory: ein Partnerspiel

Vorbereitung: Schneidet die Karten auseinander und legt die deckungsgleichen Paare noch einmal zusammen! Prägt euch die Paare ein!

Spielanleitung: Legt die Karten verdeckt und durcheinander vor euch aus. Einer beginnt und dreht zwei Karten um. Sind die Karten deckungsgleich, darf er sie behalten und noch zwei Karten umwenden. Sobald zwei aufgedeckte Karten nicht zusammenpassen, werden sie wieder umgedreht und der Partner ist dran. Er versucht nun, ein Kartenpaar aufzudecken. Das Spiel endet, wenn alle Paare gefunden sind. Wer die meisten Karten hat, gewinnt.

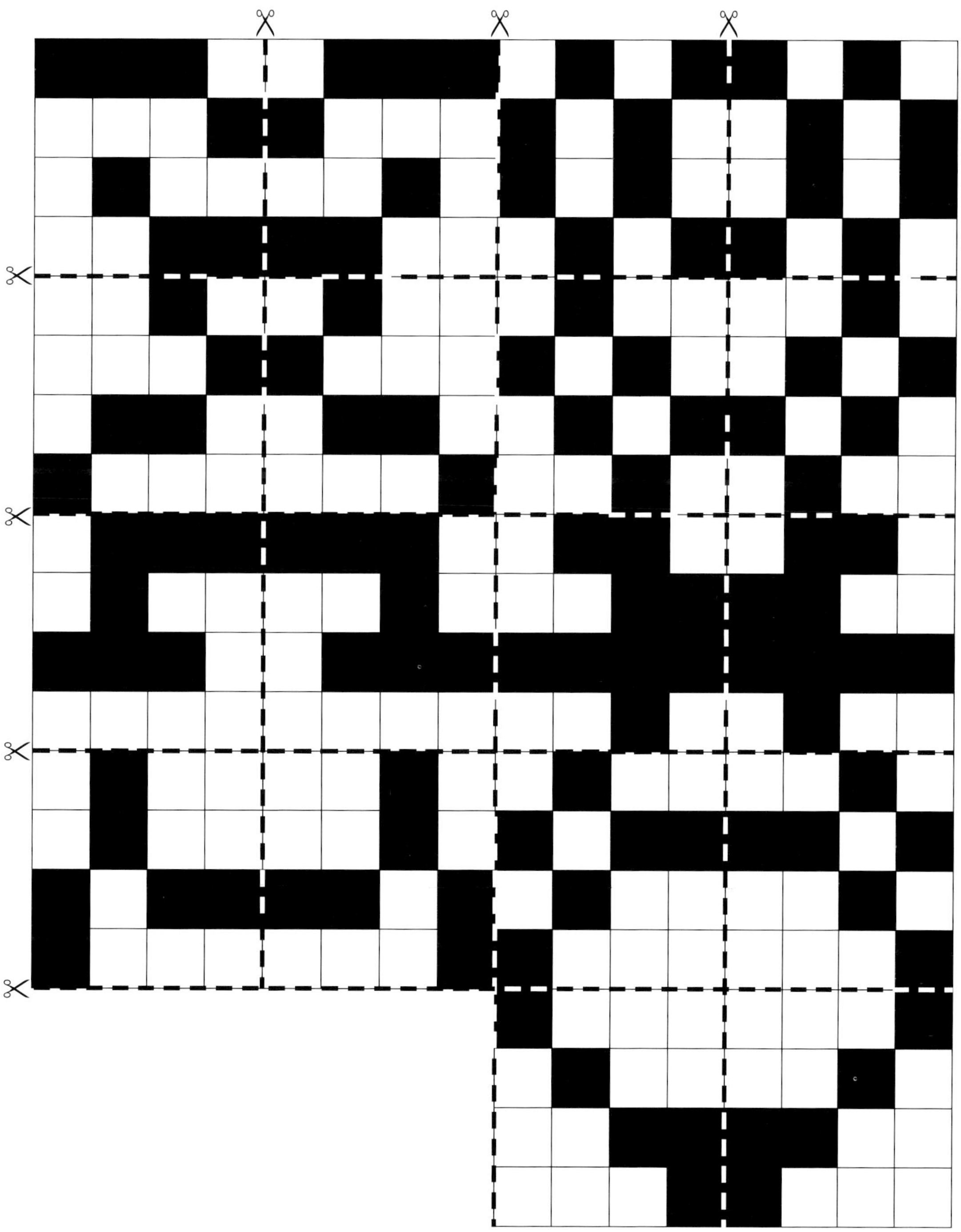

Lehrer-Info: Übungen zur Achsensymmetrie (Lerntheke)

Materialbedarf

- ❑ KV 48 (Laufzettel) in Schülerzahl kopieren (siehe unten).
- ❑ KV 49–59, S. 43–48 (Aufgabenkarten) in Schülerzahl kopieren
- ❑ Kontrollfolien mit den Lösungen zu den KV 50–59.
- ❑ Plättchen für das Figurenlegen
- ❑ rahmenlose kleine Spiegel
- ❑ 5 × 5-Geobretter und Gummis

Erläuterungen zur Lerntheke

Allgemein:

- ❑ Im Unterschied zur Stationenarbeit (vgl. die Ausführungen auf S. 52) werden bei einer Lerntheke auf einem Tisch unterschiedliche Materialien angeboten.
- ❑ Die Kinder wählen selbstständig Aufgaben aus, bearbeiten und kontrollieren diese.
- ❑ Nach Erledigung der Aufgaben stellen sie das Material zurück auf den Tisch.
- ❑ Anschließend holen sich die Kinder neues Material.

- ❑ **Tipp zu den Aufgabenkarten:**
  Die Aufgabenkarten vierfach kopieren und laminieren. Die Kinder arbeiten dann mit einem wasserlöslichen Folienstift direkt auf den Karten. Nach der Kontrolle kann die Karte gereinigt und wieder verwendet werden.
- ❑ **Tipp zu den Kontrollfolien:**
  Die Kontrollfolien können über die gelösten Aufgabenkarten gelegt werden. So erkennen die Kinder ihre Fehler schnell und sicher.

Bearbeitungszeitraum:

- ❑ Die Lernthekenarbeit kann als einzelne Übungsstunde angelegt sein.
- ❑ Es bietet sich jedoch ebenso gut an, eine Lerntheke über einen bestimmten Zeitraum stehen zu lassen, sodass immer wieder daran gearbeitet werden kann.
- ❑ Die Lernthekenarbeit kann sehr gut in den Wochenplan integriert werden.

Name: ______________________________ KV 48

Übungen zur Achsensymmetrie (Laufzettel)

Hake alle Aufgaben ab, die du bearbeitet und korrigiert hast!

Aufgabe	Kontrolle
Figuren legen	
Kreuzchenbilder	
Figuren spiegeln	
Symmetrische Figuren entdecken	
Symmetrische Buchstaben	
Symmetrische Wörter	
Geheimschrift	
Spiegelbilder am Geobrett	
Mehrfachspiegelungen 1	
Mehrfachspiegelungen 2	
Fehlersuche	

Name: ____________________ KV 49

Figuren legen

Du brauchst: Plättchen und einen Partner

Aufgabe:
Dein Partner legt dir mit den Plättchen eine Figur vor.
Du legst das Spiegelbild nach.
Ihr kontrolliert zusammen.

Jetzt wird getauscht.

Name: ____________________ KV 50

Kreuzchenbilder

Du brauchst: einen Stift

Aufgabe: Spiegle an der Achse und ergänze zu einer deckungsgleichen Figur!

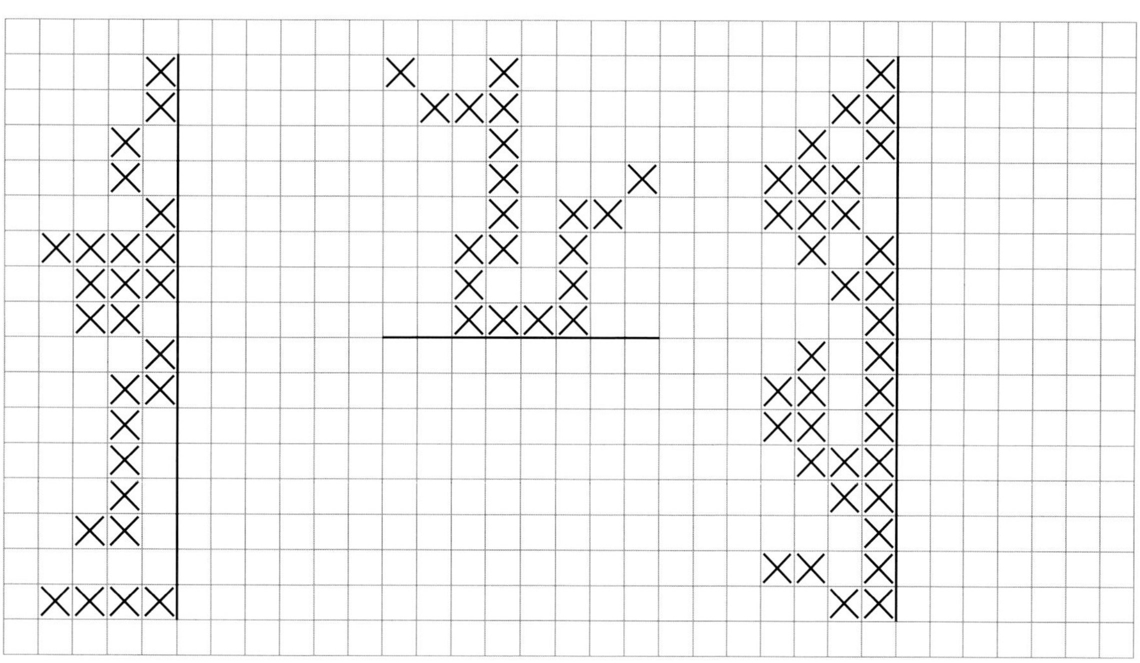

Name: ____________________ KV 51

Figuren spiegeln

Du brauchst: einen Stift und ein Lineal

Aufgabe: Spiegle die Figur an der Achse!

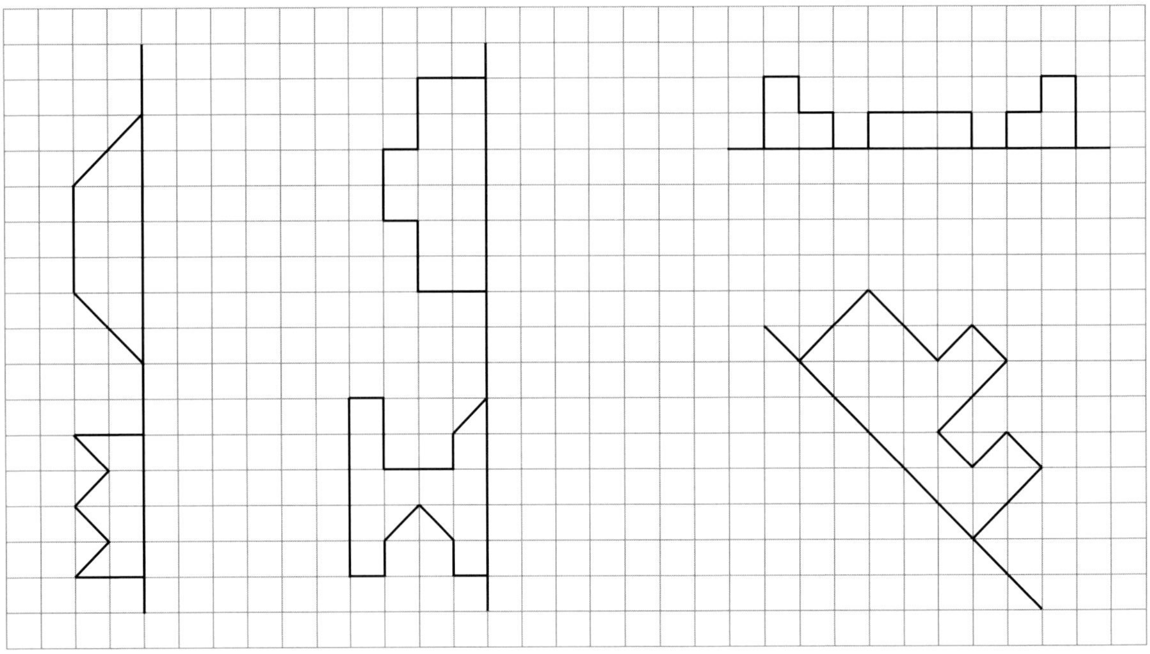

Name: ____________________ KV 52

Symmetrische Figuren entdecken

Du brauchst: einen Stift und ein Lineal

Aufgabe:
Zeichne – wo möglich – die Symmetrieachsen ein!
Vorsicht! Manchmal gibt es mehrere!

Name: ______________________________	KV 53

Symmetrische Buchstaben

Du brauchst: einen Stift, ein Lineal und einen Spiegel

Aufgabe:
Welche Buchstaben sind symmetrisch?
Überprüfe mit dem Spiegel! Zeichne alle Symmetrieachsen ein!

A B C D E F G H

I J K L M N O P

Q R S T U V W X

Y Z

Name: ______________________________	KV 54

Symmetrische Wörter

Du brauchst: einen Stift, ein Lineal und einen Spiegel

Aufgabe:
Welche Wörter sind symmetrisch?
Überprüfe mit dem Spiegel! Zeichne alle Symmetrieachsen ein!

OTTO OMA ECHO

MAOAM MAMA ICH

OPA ANNA PAPA

BEIDE AUA DICK EICHE

Name: ______________________________	KV 55

Geheimschrift

Du brauchst: einen Spiegel und einen Stift

Aufgabe:
Kannst du die Geheimschrift lesen?
Übersetze! Kontrolliere dann mit dem Spiegel!

VASE KIND PETER EISENBAHN

MONIKA SPIEGEL FERIEN SPORTPLATZ

KUCHEN MUSIK PRIMA GEMACHT!

Name: ______________________________	KV 56

Spiegelbilder am Geobrett

Du brauchst: ein Geobrett und Gummis

Aufgabe:
Spanne die Figur! Lege einen Faden als Spiegelachse und spanne das Spiegelbild! Zeichne es ein!

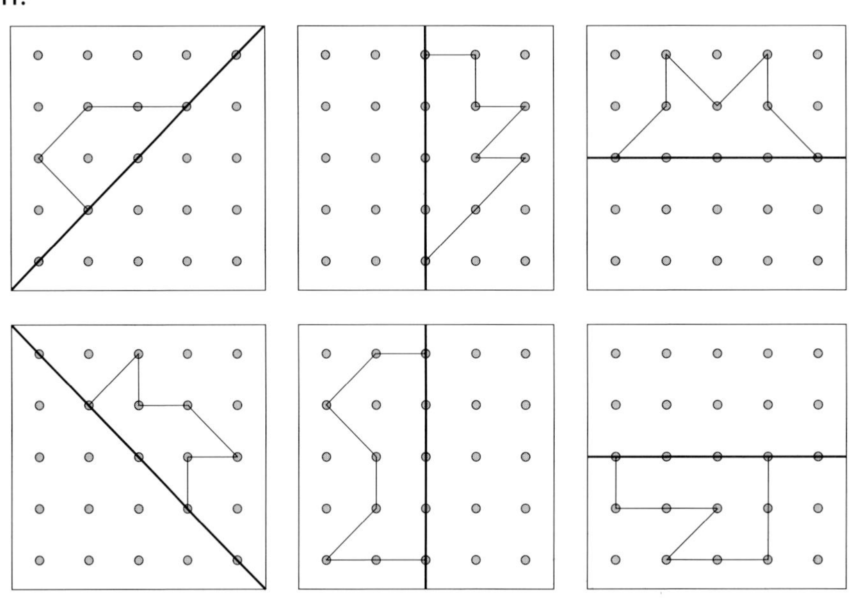

Name: ______________________________ **KV 57**

Mehrfachspiegelungen 1

Du brauchst: einen Stift und ein Lineal

Aufgabe:
Spiegle die Figur zuerst nach rechts, dann beide Figuren nach unten!

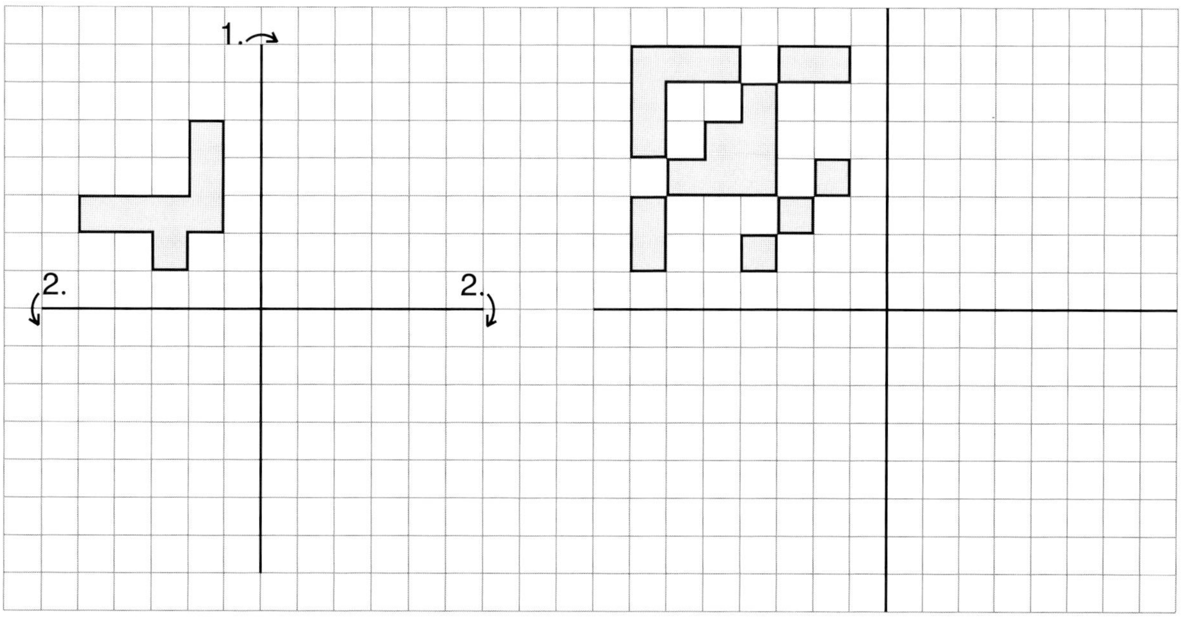

Name: ______________________________ **KV 58**

Mehrfachspiegelungen 2

Du brauchst: ein Lineal und Stifte

Aufgabe:
Spiegle an den Achsen! Male dann immer die gleich aussehenden Figuren in der gleichen Farbe aus!

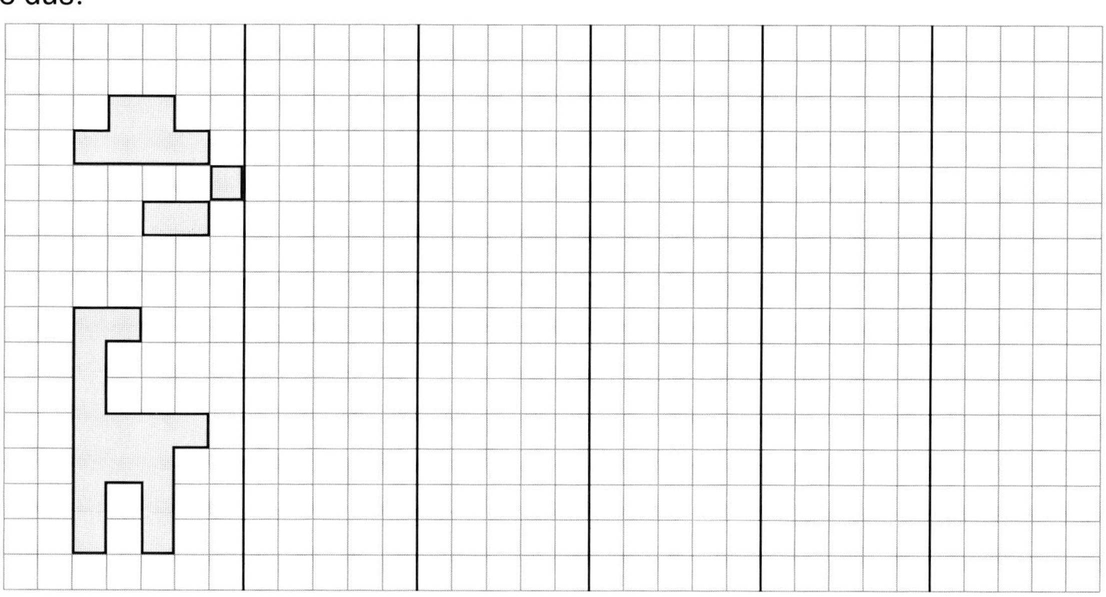

Name: ______________________________ KV 59

Fehlersuche

Du brauchst: einen Stift

Aufgabe:
Vergleiche die beiden Bilder! Sie sind spiegelbildlich, jedoch haben sich 6 Fehler eingeschlichen. Umkreise die Fehler mit deinem Stift! Findest du alle?

Name:	KV 60

Einmaleinsaufgaben

1. Immer drei Karten gehören zusammen. Kennzeichne sie mit derselben Farbe!

5 · 2	8+8	5+5+5+5+5	●● ●● ●● ●● ●●	3 · 7	3+3+3+3
9+9+9+9+9+9	6 · 9	●●●●●●●● ●●●●●●●●	2 · 8	●●●●●●● ●●●●●●● ●●●●●●●	●●●●● ●●●●● ●●●●● ●●●●● ●●●●●
4 · 3	●●●●●●●●● ●●●●●●●●● ●●●●●●●●● ●●●●●●●●● ●●●●●●●●● ●●●●●●●●●	2+2+2+2+2	●●● ●●● ●●● ●●●	7+7+7	5 · 5

2. Finde und berechne die Nachbaraufgaben!

5 · 5= ______
4 · 6 = ______ 5 · 6 = ______ 6 · 6 = ______
5 · 7= ______

______
______ 8 · 8 = ______ ______
______

______
______ 7 · 4 = ______ ______
______

______
______ 9 · 3 = ______ ______
______

3. Bilde aus den Zahlen im Kasten Malaufgaben!

~~3~~ 64 5 9 10 2 ~~8~~ 7 8 18 8 24 8 35 80	3 · 8 = ______ ______ ______ ______ ______

49 21 ~~4~~ 3 40 3 10 ~~8~~ 7 32 7 9 4 3 7	4 · 8 = ______ ______ ______ ______ ______

Name: ______________________________ KV 61

Teilen üben

1. Rechne die Aufgaben aus!

16 : ____ = 4	27 : ____ = 3	12 : ____ = 4	27 : ____ = 9
16 : ____ = 2	56 : ____ = 8	12 : ____ = 3	36 : ____ = 6
45 : ____ = 9	63 : ____ = 7	12 : ____ = 2	18 : ____ = 3
45 : ____ = 5	80 : ____ = 10	12 : ____ = 1	25 : ____ = 5

2. Teilaufgaben mit Rest: Rechne aus!

28 : 6 = ____ Rest ____	67 : 6 = ____ Rest ____	99 : 10 = ____ Rest ____
24 : 10 = ____ Rest ____	21 : 5 = ____ Rest ____	72 : 9 = ____ Rest ____
63 : 8 = ____ Rest ____	24 : 7 = ____ Rest ____	57 : 7 = ____ Rest ____
78 : 9 = ____ Rest ____	43 : 6 = ____ Rest ____	65 : 8 = ____ Rest ____

3. Ordne den Aufgaben – wenn möglich – Lösungen zu!
Schreibe die Aufgabe unter die Lösung!

~~48 : 8~~	39 : 6	31 : 7	25 : 4	56 : 9
45 : 7	20 : 3	12 : 2	52 : 8	16 : 2
50 : 8	62 : 10	40 : 6	42 : 7	31 : 5

6	6 R 1	6 R 2	6 R 3	6 R 4
48 : 8				

Name: ______________________________	KV 62

Mal- und Geteiltaufgaben

1. Rechne aus! Beachte Punkt vor Strich!

7 · 2 + 8 · 9 = ________	42 : 6 + 21 : 7 = ________
5 · 7 + 8 · 6 = ________	63 : 9 + 18 : 3 = ________
9 · 3 + 5 · 9 = ________	35 : 7 + 28 : 4 = ________
8 · 6 – 4 · 5 = ________	9 · 7 – 35 : 5 = ________
3 · 8 – 3 · 4 = ________	9 · 9 – 18 : 6 = ________

2. Schreibe die Malaufgabe und rechne sie aus!

Das Dreifache von 6		Das Vierfache von 4	
Das Fünffache von 7		Das Neunfache von 5	
Das Neunfache von 8		Das Siebenfache von 3	

3. Finde die fünf falschen Aufgaben: ✓ richtig ✗ falsch

3 · 4 = 12 ☐	7 · 7 = 49 ☐	5 · 9 = 46 ☐	2 · 3 = 6 ☐
5 · 7 = 35 ☐	2 · 6 = 12 ☐	7 · 8 = 56 ☐	8 · 4 = 33 ☐
8 · 8 = 65 ☐	9 · 8 = 73 ☐	7 · 3 = 21 ☐	7 · 6 = 40 ☐

4. Setze das richtige Zeichen ein: >, <, =

4 · 8	◯	10 · 3
7 · 6	◯	10 · 5
7 · 8	◯	5 · 9
3 · 6	◯	3 · 9
7 · 7	◯	4 · 5

56 : 7	◯	64 : 8
24 : 3	◯	32 : 4
30 : 5	◯	72 : 9
36 : 6	◯	56 : 7
81 : 9	◯	10 : 1

3 · 9	◯	7 · 7
8 · 3	◯	5 · 9
4 · 8	◯	4 · 5
9 · 8	◯	8 · 9
2 · 6	◯	3 · 4

Lehrer-Info: Automatisierung der Einmaleinsaufgaben (Stationentraining 1)

Materialbedarf

- **Allgemein:** Die Materialaufstellung ist so ausgelegt, dass an sechs Stationen je sechs Kinder parallel arbeiten können. Bei kleinen Klassenstärken kann das Material entsprechend reduziert werden.
- **Tipp:** Damit sich die Aufgaben- und Puzzlekarten nicht vermischen, empfiehlt es sich bei Station 1, 2, 3 und 6, verschiedenfarbiges Papier zu verwenden.
- KV 64–69, S. 54–56, je 1-mal als Karte zum Aufstellen zur Kennzeichnung der Stationen
- **Station 1:** KV 70, S. 57 und KV 71, S. 58, je 3-mal kopieren, laminieren und ausschneiden
- **Station 2:** KV 72, S. 59, 2-mal kopieren, laminieren und ausschneiden; sechs Setzleisten
- **Station 3:** KV 73, S. 60, 3-mal kopieren, laminieren und ausschneiden
- **Station 4:** KV 63, S. 53 in Schülerzahl kopieren und 3-mal als Lösungsblatt ausfüllen
- **Station 5:** 6 Würfel von 0 bis 9 (Dekaeder)
- **Station 6:** KV 74, S. 61, 3-mal kopieren, laminieren und ausschneiden
- Die Kinder benötigen ihre Hefte und einen Stift.

Erläuterungen zum Training

- Ziel dieses Stationentrainings ist die Automatisierung aller Einmaleinsaufgaben.
- Die Kinder erhalten an verschiedenen Stationen unterschiedlich strukturiertes Material, mit dem sie sich in wechselnden Arbeits- und Sozialformen auseinandersetzen.
- Alle Übungsmaterialien beinhalten die Möglichkeit der Selbst- oder Partnerkontrolle.
- Wichtig ist, dass am Anfang alle Stationen vorgestellt und eventuell an der Tafel fixiert werden (siehe S. 53). Symbole können dabei helfen: ☺ → Einzelarbeit; ☺☺ → Partnerarbeit. Der Arbeitsauftrag und das benötigte Material werden jeweils genau erläutert.
- Die Regeln zur Durchführung des Trainings werden festgelegt. Wir empfehlen, dieses Training als **gebundenes Stationentraining** durchzuführen: Die Schüler werden in feste Gruppen eingeteilt. Dabei ist auf ausgewogene Gruppengrößen zu achten. Ungerade Gruppengrößen sind aufgrund der Partneraufgaben ungünstig.
  Es wird ein fester zeitlicher Rhythmus vorgegeben: Pro Station wird 5 Minuten gearbeitet, dann folgen die Kontrollphase und schließlich der Wechsel zur nächsten Station. An jeder Station muss genug Material für die größte Gruppe (hier maximal 6 Kinder) vorhanden sein. Schnellen Schülern muss ausreichend Material zur Verfügung stehen. Vorteile dieser Methode sind, dass jedes Kind alle Stationen durchläuft und dass der straffe zeitliche Rahmen die Kinder zu effektivem Arbeiten anhält.
- Das Übungsmaterial eignet sich ebenso für ein **offenes Stationentraining** (siehe S. 62).

Erläuterungen zu den Stationen

- **Station 1: Figurenpuzzle**
  Jedes Puzzle besteht aus 22 Teilen. Immer zwei Stück – Aufgabe und Ergebnis – ergeben zusammen eine Eistüte (KV 70) oder einen Fisch (KV 71). Das Kind nimmt sich ein Puzzleteil mit einer Aufgabe, rechnet sie und sucht das Teil mit dem Ergebnis. Wenn die Teile zusammenpassen, hat es richtig gerechnet.
- **Station 2: Setzleiste**
  Das Kind steckt die Aufgabenkarten in die Setzleiste, sodass die unten stehenden Ergebnisse verdeckt sind. Dann rechnet es die Aufgaben im Heft. Die Kontrolle erfolgt mithilfe der Ergebnisse unten auf der Karte.
- **Station 3: Memory®**
  Ziel dieses Partnermemorys ist das Sammeln von Paaren, jeweils bestehend aus Aufgaben- und Ergebniskarte (KV 73). Spielanleitung siehe KV 66.
- **Station 4: Rechenräder**
  Die KV 63 enthält zwei Rechenräder unterschiedlichen Schwierigkeitsgrades. Die Schüler wählen eines davon selbstständig aus. „Blitzrechner" lösen beide Räder.
- **Station 5: Würfel**
  Einer der Partner wirft mit zwei Würfeln und rechnet die Malaufgabe, die sich aus dem Wurf ergibt. Der Partner kontrolliert und würfelt dann selbst.
- **Station 6: Schnipp-Schnapp**
  Hierbei handelt es sich um ein Partnerwettrechnen. Die Kinder ziehen abwechselnd Aufgabenkarten von einem Stapel und lesen sie vor. Wer als Erster das richtige Ergebnis sagt, darf die Karte behalten. Sieger ist derjenige mit den meisten Karten.

Tafelbild: Stationentraining Multiplikation und Division (1)

Stationentraining

6 Stationen

Immer 5 Minuten Arbeitszeit – Kontrolle – Wechsel

Station 1: Figurenpuzzle ☺

Station 2: Setzleiste ☺

Station 3: Memory® ☺☺

Station 4: Rechenräder ☺

Station 5: Würfel ☺☺

Station 6: Schnipp-Schnapp ☺☺

Station 4 | KV 63

Rechenräder

1

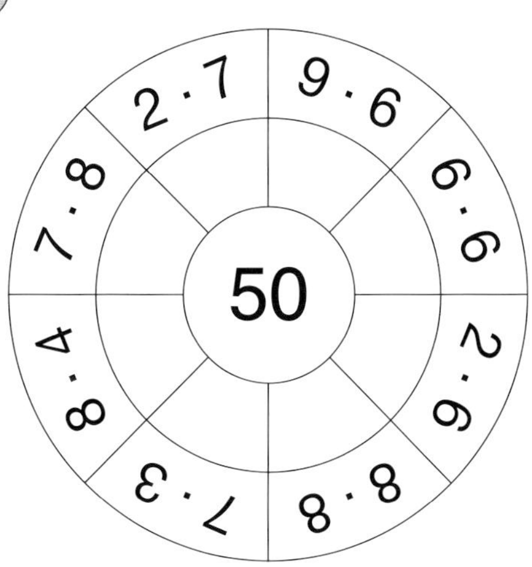

2

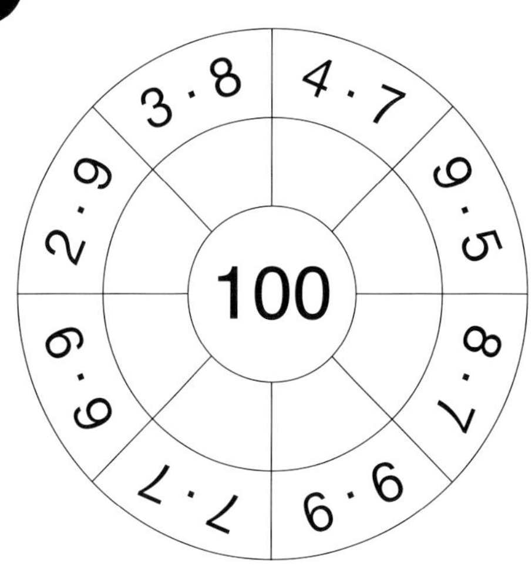

Station 1	KV 64

Figurenpuzzle ☺

Aufgabe:

Rechne die Aufgaben im Kopf, suche die dazu passende Lösung (das entsprechende Puzzleteil) und lege die Teile zusammen! Hast du richtig gerechnet, entsteht eine Figur.

Station 2	KV 65

Setzleiste ☺

Aufgabe:

Löse die Aufgabe in der Leiste, schreibe dazu die Aufgaben in dein Heft! Die Ergebnisse sind in der Leiste versteckt.

Station 3	KV 66

Memory® ☺ ☺

Aufgabe:
Decke eine Karte auf und lies sie vor!
Wenn du zu deiner Karte die passende zweite Karte aufdecken kannst, darfst du beide Karten behalten und noch eine umdrehen.
Deckst du eine falsche Karte auf, ist dein Mitspieler an der Reihe.
Wer die meisten Karten hat, gewinnt.

Station 4	KV 67

Rechenräder ☺

Aufgabe:
Wähle eines der Rechenräder aus!
Rechne zuerst die Malaufgabe! Dann ergänze zur Zahl in der Mitte! Schreibe das Ergebnis in die Lücke! Kontrolliere deine Ergebnisse mit dem Lösungsblatt!

Station 5	KV 68

Würfel ☺☺

Aufgabe:
Ihr habt zwei Würfel. Einer von euch beginnt zu würfeln. Die beiden Zahlen ergeben eine Malaufgabe. Das erste Kind notiert die Aufgabe in das Heft und ergänzt auf 100. Der Partner kontrolliert und darf anschließend würfeln und rechnen.

Beispiel: ⚁ · ⚃ + ____ = 100
8 + 92 = 100

Station 6	KV 69

Schnipp-Schnapp ☺☺

Aufgabe:
Legt den Stapel der Aufgabenkarten verdeckt vor euch hin! Einer von euch dreht die erste Karte um. Wer als Erster das richtige Ergebnis sagt, darf die Karte behalten. Gewonnen hat derjenige, der am Ende die meisten Karten hat.

Material für Station 1 (KV 64): Figurenpuzzle

KV 70

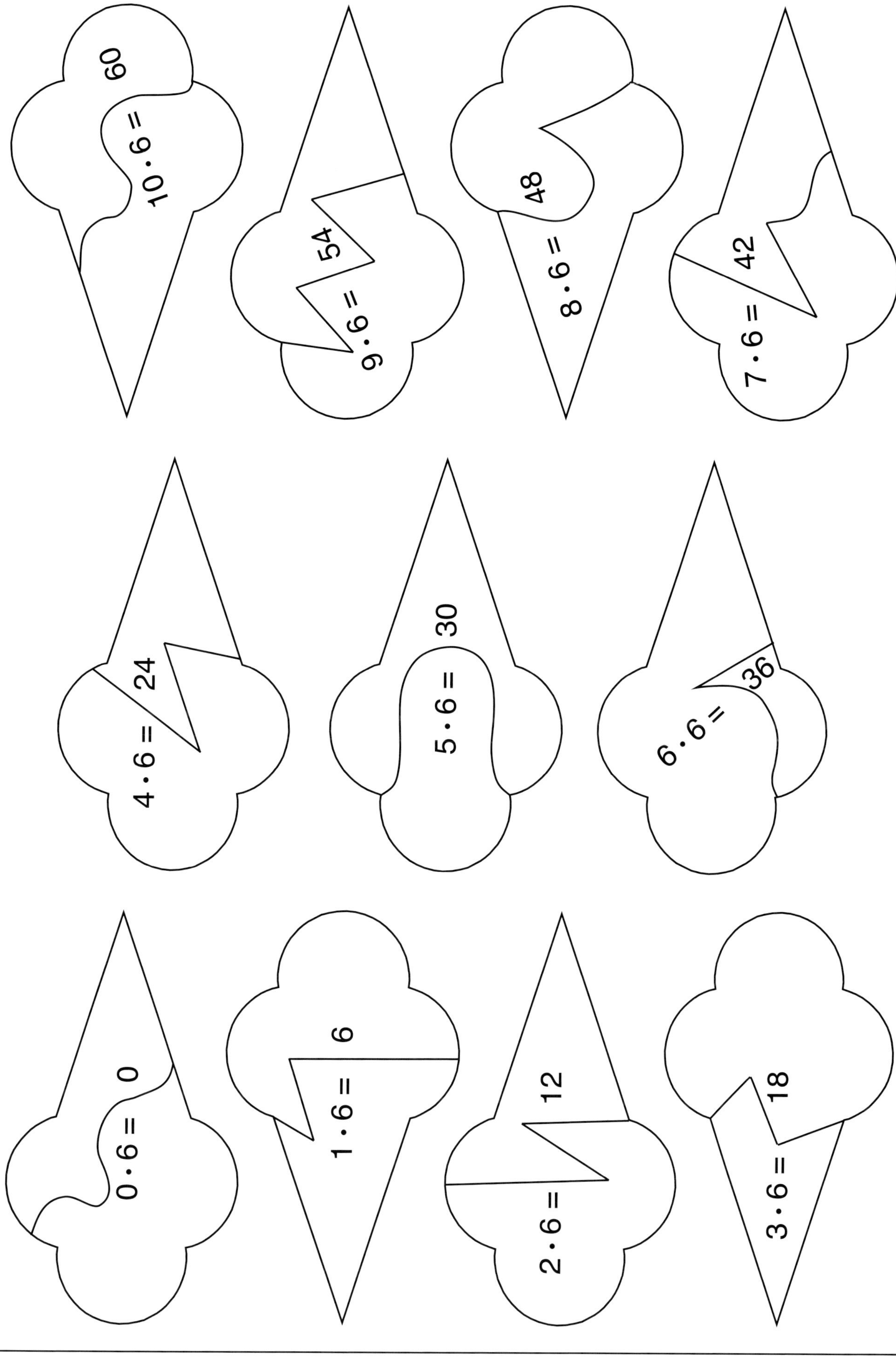

Material für Station 1 (KV 64): Figurenpuzzle

KV 71

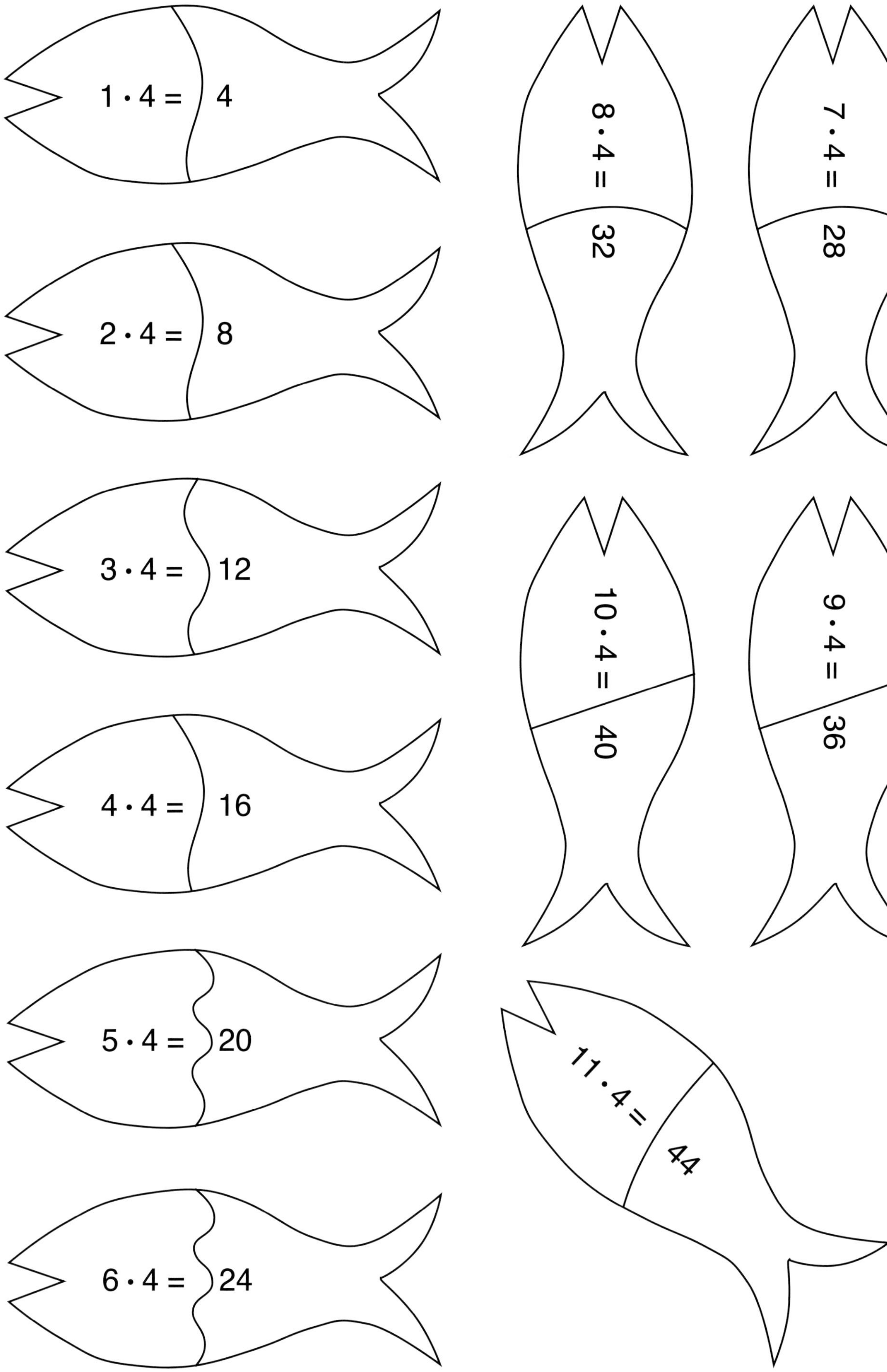

Material für Station 2 (KV 65): Setzleiste (Aufgaben) | KV 72

A

□ • 7 = 21	30 = □ • 5
4 • □ = 36	□ • 3 = 18
27 = 9 • □	• 9 = 45
63 = □ • 7	6 • □ = 24
3 • □ = 24	28 = □ • 4

3, 9, 3, 9, 8 6, 6, 5, 4, 7

B

18 = □ • 6	□ • 9 = 81
36 = 6 • □	30 = □ • 3
□ • 3 = 18	□ • 6 = 30
□ • 9 = 27	45 = □ • 9
8 • □ = 48	□ • 3 = 15

3, 6, 6, 3, 6, 9, 10, 5, 5, 5

C

□ • 9 = 72	12 = □ • 6
□ • 6 = 30	6 = □ • 3
63 = □ • 9	□ • 9 = 18
□ • 3 = 27	□ • 3 = 21
□ • 9 = 27	□ • 9 = 45

8, 5, 7, 9, 3 2, 2, 2, 7, 5

D

□ • 6 = 48	24 = □ • 6
42 = □ • 6	24 = 8 • □
18 = □ • 3	60 = □ • 6
9 • □ = 81	6 • □ = 54
45 = □ • 9	18 = 6 • □

8, 7, 6, 9, 5 4, 3, 10, 9, 3

E

□ • 6 = 42	□ • 7 = 49
8 • □ = 56	27 = □ • 3
72 = □ • 9	3 • □ = 18
□ • 5 = 35	8 • □ = 40
□ • 6 = 54	12 = □ • 3

7, 7, 8, 7, 9 7, 9, 6, 5, 4

F

9 • □ = 81	54 = □ • 9
45 = 5 • □	6 • □ = 18
42 = □ • 7	□ • 4 = 24
9 • □ = 18	60 = □ • 6
□ • 8 = 48	24 = □ • 3

9, 9, 6, 2, 6 6, 3, 6, 10, 8

Material für Station 3 (KV 66): Memory® (Aufgaben)	KV 73

42 : 6	7	56 : 7	8	81 : 9
9	15 : 3	5	72 : 8	9
49 : 7	7	25 : 5	5	12 : 4
3	12 : 6	2	36 : 9	4
48 : 8	6	45 : 9	5	21 : 7
3	18 : 3	6	30 : 5	6

Material für Station 6 (KV 69): Schnipp-Schnapp (Aufgabenkarten) **KV 74**

$4 \cdot 9 + 9 =$	$7 \cdot 3 - 4 \cdot 5 =$	$5 \cdot 4 + 7 \cdot 8 =$	$7 \cdot 8 + 12 =$
$8 \cdot 10 - 4 \cdot 3 =$	$2 \cdot 9 + 7 \cdot 6 =$	$7 \cdot 3 + 7 \cdot 4 =$	$3 \cdot 6 + 2 \cdot 4 =$
$9 \cdot 10 - 36 =$	$4 \cdot 9 - 3 \cdot 9 =$	$5 \cdot 8 - 7 \cdot 2 =$	$4 \cdot 6 + 6 \cdot 5 =$
$4 \cdot 7 - 5 \cdot 5 =$	$5 \cdot 10 - 40 =$	$5 \cdot 7 - 5 \cdot 3 =$	$3 \cdot 9 + 52 =$
$3 \cdot 3 + 6 \cdot 7 =$	$9 \cdot 9 - 3 \cdot 8 =$	$3 \cdot 8 + 5 =$	$8 \cdot 9 - 27 =$
$8 \cdot 7 + 6 =$	$5 \cdot 9 - 5 \cdot 4 =$	$9 \cdot 7 - 4 \cdot 6 =$	$3 \cdot 4 + 5 \cdot 6 =$
$9 \cdot 9 - 3 \cdot 8 =$	$4 \cdot 9 + 9 =$	$7 \cdot 3 + 7 \cdot 5 =$	$4 \cdot 6 + 5 \cdot 6 =$
$3 \cdot 6 + 8 \cdot 4 =$	$6 \cdot 3 + 75 =$	$5 \cdot 3 + 77 =$	$8 \cdot 3 + 8 \cdot 4 =$

Lehrer-Info: Automatisierung der Einmaleinsaufgaben (Stationentraining 2)

Materialbedarf

- **Allgemein:** Die Materialaufstellung ist so ausgelegt, dass an neun Stationen je vier Kinder parallel arbeiten können. Bei kleinen Klassenstärken kann das Material entsprechend reduziert werden.
- KV 75, S. 63 (Laufzettel) in Schülerzahl kopieren
- KV 76, S. 63 und KV 78–85, S. 65–68 je 1-mal auf farbiges Papier kopieren, laminieren und als Karten zur Kennzeichnung der Stationen aufstellen
- **Station 1 – Schlangendomino:** KV 77, S. 64 4-mal auf verschiedenfarbiges Papier kopieren, laminieren und die Teile ausschneiden
- **Station 2–8:** jede KV 4-mal kopieren und laminieren, jeweils 4 Kontrollkarten mit den Lösungen herstellen.
- **Station 2 – Delfin:** KV 78, S. 65
- **Station 3 – Schnecken:** KV 79, S. 65
- **Station 4 – Tintenfisch:** KV 80, S. 66
- **Station 5 – Schmetterling:** KV 81, S. 66
- **Station 6 – Fische:** KV 82, S. 67
- **Station 7 – Käfer:** KV 83, S. 67
- **Station 8 – Schlange:** KV 84, S. 68
- **Station 9 – Affe:** KV 86, S. 69 4-mal auf verschiedenfarbiges Papier kopieren, laminieren und die Teile ausschneiden
- Die Kinder benötigen ihre Hefte und einen Stift.

Erläuterungen zum Training

- Ziel dieses Stationentrainings ist die Automatisierung aller Einmaleinsaufgaben.
- Die Kinder erhalten an den Stationen unterschiedlich strukturiertes Material, mit dem sie sich in wechselnden Arbeitsformen auseinandersetzen.
- Alle Übungsmaterialien beinhalten die Möglichkeit der Selbstkontrolle.
- Wichtig ist, dass am Anfang alle Stationen vorgestellt und eventuell an der Tafel fixiert werden. Der Arbeitsauftrag und das benötigte Material werden jeweils genau erläutert.
- Die Regeln zur Durchführung des Trainings werden festgelegt. Wir empfehlen, dieses Training als **offenes Stationentraining** durchzuführen: Jedes Kind beginnt an seinem Gruppentisch und rechnet so lange, bis es alle Aufgaben gelöst und kontrolliert hat. Dann wird die Station als erledigt auf dem Laufzettel abgehakt. Nun sucht sich das Kind selbstständig einen freien Platz an einer anderen Station und arbeitet weiter. Vorteil dieser Methode ist das hohe Maβ an Individualisierung bei gleichzeitig hohem Anspruch an die Selbstständigkeit und die Sozialkompetenz.
- Das Übungsmaterial eignet sich ebenso für ein **gebundenes Stationentraining** (siehe S. 52).

Erläuterungen zu den Stationen

- **Lernspiele: Domino**
  Bei Station 1 und 9 ist jeweils ein Domino zu legen. Die Kinder ordnen den Aufgaben die Ergebnisse zu. Bei richtiger Lösung ergibt sich ein geschlossenes Bild. Die Stationen umfassen folgende Aufgabentypen:
  Station 1: gemischte Einmaleinsaufgaben
  Station 9: Anwendung der Punkt-vor-Strich-Regel
- **Aufgaben mit wählbarem Schwierigkeitsgrad:**
  Bei den Stationen 2, 3, 7 und 8 entscheiden sich die Kinder frei für ein leichtes oder ein schwieriges Aufgabenniveau.
  Sie rechnen die Aufgaben im Heft und vergleichen ihre Ergebnisse mit denen auf den Kontrollkarten.
  Die Stationen umfassen folgende Aufgabentypen:
  Station 2 – *leicht:* Gemischte Einmaleinsaufgaben kombiniert mit einer Plus- oder Minusaufgabe
  – *schwer:* Zwei Mal- oder Geteiltaufgaben verbunden mit Plus oder Minus
  Station 3 – *leicht:* Teilen mit Rest, Teiler 4
  – *schwer:* Teilen mit Rest, Teiler 8
  Station 7 – *leicht:* Das Ergebnis einer Malaufgabe mit einer Zahl vergleichen
  – *schwer:* Die Ergebnisse zweier Malaufgaben miteinander vergleichen
  Station 8 – *leicht:* Teilen ohne Rest
  – *schwer:* Teilen mit Rest
- **Aufgaben ohne Wahlmöglichkeit:**
  Bei den Stationen 4, 5, 6 besteht keine Wahlmöglichkeit. Die Schüler rechnen die Aufgaben ins Heft und vergleichen ihre Ergebnisse mit denen auf den Kontrollkarten.
  Die Stationen umfassen folgende Aufgabentypen:
  Station 4: Platzhalteraufgaben
  Station 5: Aufgaben finden
  Station 6: Das Ergebnis einer Malaufgabe auf Hundert ergänzen

Name: ______________________ KV 75

Multiplikation und Division (Laufzettel)

Hake alle Aufgaben ab, die du bearbeitet und korrigiert hast!
Suche dir dann eine neue Station!

Aufgabe			Kontrolle
1. Schlangendomino			
2. Delfin	☐ leicht	☐ schwer	
3. Schnecken	☐ leicht	☐ schwer	
4. Tintenfisch			
5. Schmetterling			
6. Fische			
7. Käfer	☐ leicht	☐ schwer	
8. Schlange	☐ leicht	☐ schwer	
9. Affe			

Station 1 KV 76

Schlangendomino (Mal- und Geteiltaufgaben)

Aufgabe: Lege die passenden Teile aneinander!

Material für Station 1 (KV 76): Schlangendomino | KV 77

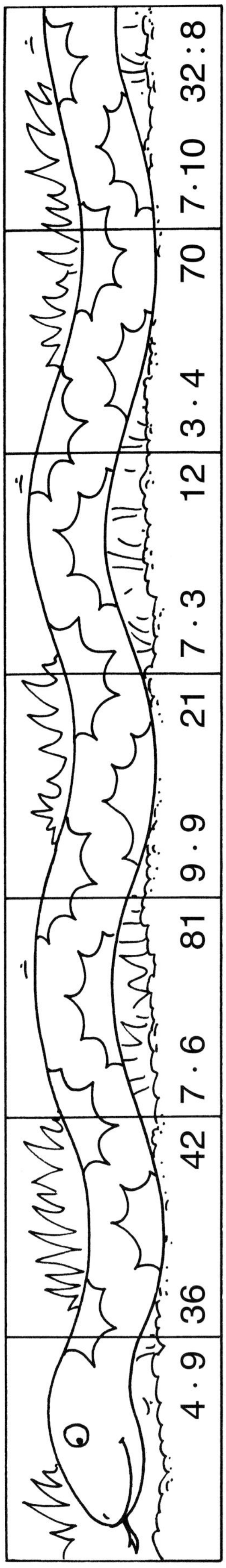

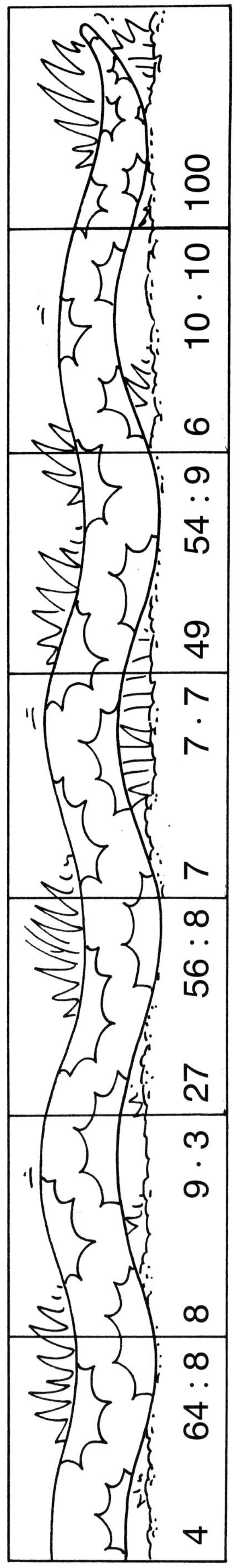

Station 2	KV 78

Delfin (Zusammengesetzte Aufgaben)

Aufgabe:
Suche dir einen Delfin aus! Rechne die Aufgaben im Heft und vergleiche dann deine Ergebnisse mit der Kontrollkarte!

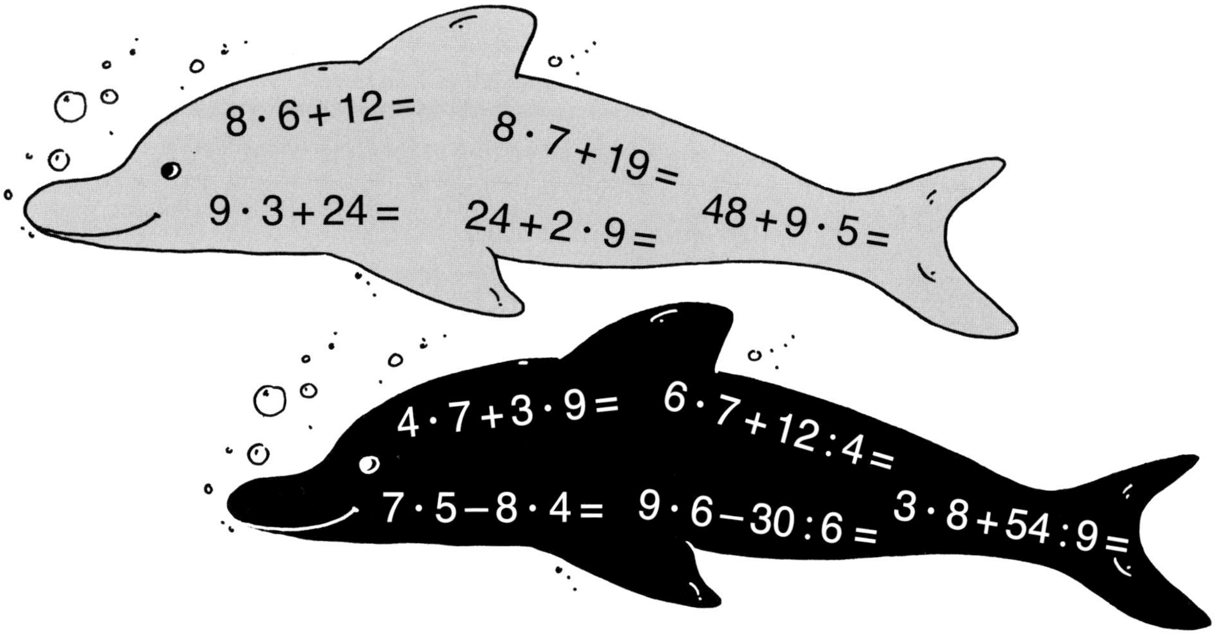

Station 3	KV 79

Schnecken (Teilaufgaben mit Rest)

Aufgabe:
Suche dir eine Schnecke aus! Rechne die Aufgaben im Heft und vergleiche dann deine Ergebnisse mit der Kontrollkarte!

Station 4 — KV 80

Tintenfisch (Platzhalteraufgaben)

Aufgabe:
Rechne die Aufgaben im Heft! Vergleiche dann deine Ergebnisse mit der Kontrollkarte!

Station 5 — KV 81

Schmetterling (Aufgaben finden)

Aufgabe:
Finde zu den vorgegebenen Zahlen jeweils mindestens vier Malaufgaben und rechne sie im Heft! Vergleiche deine gefundenen Aufgaben mit der Kontrollkarte!

Station 6 | KV 82

Fische (Malaufgaben und auf 100 ergänzen)

Aufgabe:
Ergänze die Aufgabe in jedem Fisch auf 100!
Rechne die Aufgaben im Heft und vergleiche deine Ergebnisse mit der Kontrollkarte!

Schreibe so:

5 · 5 + ___ = 100

25 + 75 = 100

Station 7 | KV 83

Käfer (>, <, = einsetzen)

Aufgabe:
Suche dir einen Käfer aus! Schreibe die Aufgaben in dein Heft und setze dabei das richtige Zeichen (>, <, =) ein! Vergleiche dann deine Ergebnisse mit der Kontrollkarte!

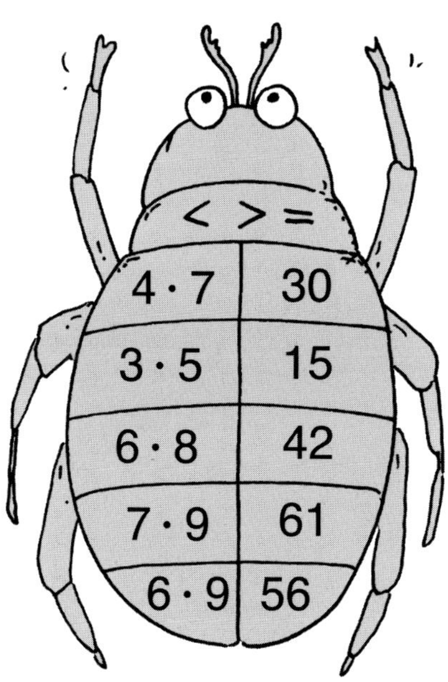

Station 8	KV 84

Schlange (Teilaufgaben)

Aufgabe:
Suche dir eine Schlange aus! Rechne die Aufgaben in dein Heft und vergleiche deine Ergebnisse mit der Kontrollkarte!

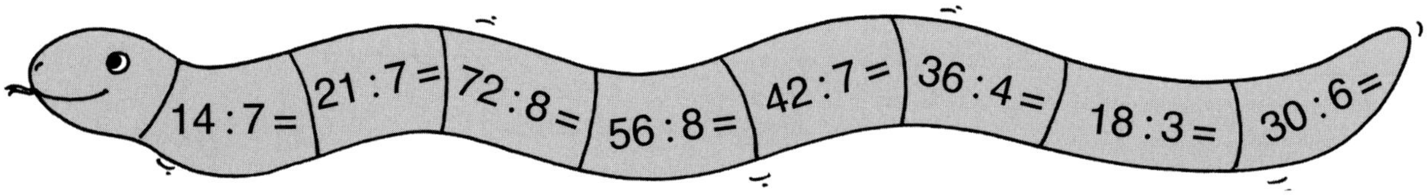

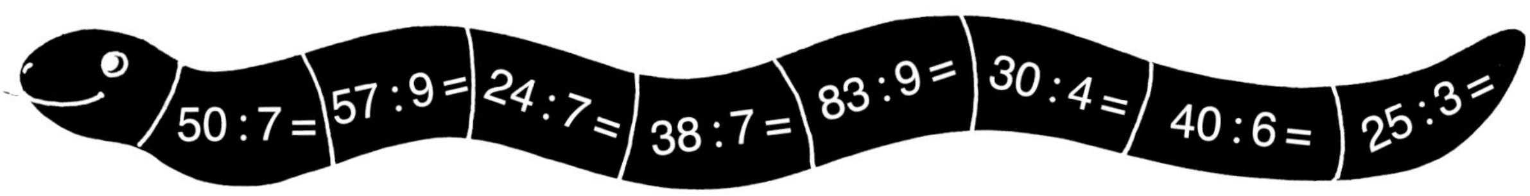

Station 9	KV 85

Affe (Punkt vor Strich)

Aufgabe:
Lege zu jeder Aufgabe das passende Ergebnis!

Material für Station 9 (KV 85): Affe

KV 86

Name: ______________________________	KV 87

Lernzielkontrolle

1. Setze die fehlenden Zahlen ein!

• 3	
5	
	18

• 9	
3	
	72

• 6	
6	
	42

• 7	
8	
	49

• 8	
6	
	32

/5

2. Rechne in zwei Schritten!

7 • 6 + 12 = ______________ 6 • 8 + 3 • 2 = ______________

8 • 9 – 15 = ______________ 5 • 9 + 6 • 7 = ______________ /4

3. Überlege genau!

54 = ___ • 8 + ___ 54 = ___ • 7 + ___ 26 = ___ • 3 + ___ 26 = ___ • 6 + ___ /4

4. Finde acht Malaufgaben mit dem Ergebnis 24!

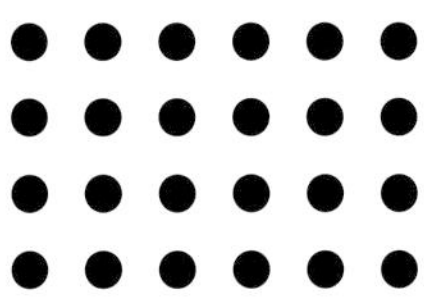

/4

5. Finde sechs Geteiltaufgaben mit dem Ergebnis 5!

/3

6. Bernd hat 22 Euro. Er kauft drei Fahrkarten. Eine kostet 6 Euro.
Wie viele Euro bleiben übrig?

Rechnung: ______________________________

Antwort: ______________________________ /3

7. Acht Handtücher kosten 56 Euro. Wie viel kostet ein Handtuch?

Rechnung: ______________________________

Antwort: ______________________________

Wie viel bekommt man zurück, wenn man die acht Handtücher mit einem 100 Euro-Schein bezahlt?

Rechnung: ______________________________

Antwort: ______________________________ /3

Gesamt: __/26

Name: ____________________ KV 88

Meine 1 × 1-Tabelle

	1	2	3	4	5	6	7	8	9	10
1										
2										
3										
4										
5										
6										
7										
8										
9										
10										

Lehrer-Info: Einführung in den Tausenderraum

Materialbedarf

- 1000 1-Cent-Münzen in einem Sack
- 100 Filmdöschen aus dem Fotogeschäft
- 10 kleine Tabletts o. Ä. für jeweils 10 Filmdöschen
- Wortkarten mit den Hunderterzahlen und der Tausend
- ein Seil

Hinführung

- **Impuls:** Der Lehrer präsentiert im Sitzhalbkreis vor der Tafel die 1000 1-Cent-Stücke, die sich in einem Sack befinden. Einige Kinder schätzen dessen Gewicht. Dann wird der Sack ausgeschüttet.
- **UG:** Die Schüler staunen über die Menge und fragen sich, wie viele Münzen es sind.
- **Problemfrage:** Wie viele 1-Cent-Münzen sind es? (Tafelanschrift 1)

Erarbeitung

- **UG:** Die Schüler schätzen die Anzahl. Ihre Vorschläge werden unreflektiert gesammelt und auf Wortkarten fixiert. (Tafelanschrift 2)
- **Gruppenarbeit:** Der Lehrer verteilt die Münzen möglichst gleichmäßig auf den Gruppentischen und gibt den **Arbeitsauftrag**: Besprecht in eurer Gruppe, wie ihr die Geldstücke zählt, damit ihr keine vergesst oder doppelt zählt! Überlegt, wie ihr die gezählten Münzen anordnet, damit man später die Anzahl ganz leicht ablesen kann! Wenn ihr euch einig seid, zählt die Münzen!
- **Reflexion der Arbeitsphase:** Die Schüler erklären, wie sie die Geldstücke gezählt und angeordnet haben. Als ideale Anordnung wird eine Bündelung in 10er-Stapeln erkannt.

Tafelanschrift

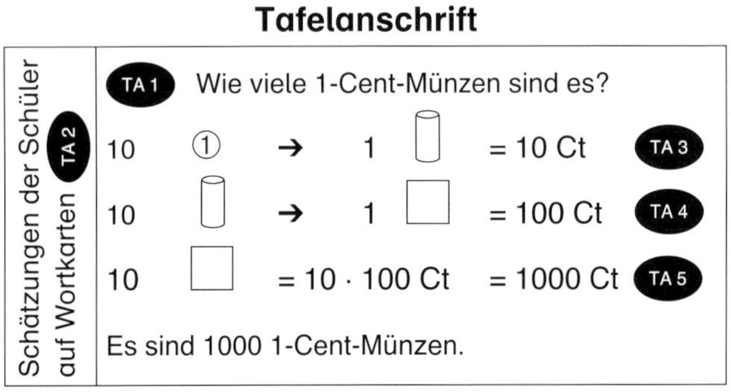

- **Erste 10er-Bündelung:** Damit die gezählten Stapel nicht wieder durcheinander geraten, wird immer ein 10er-Stapel in ein Filmdöschen gepackt. Die Gruppen nennen die Anzahl ihrer 10er-Stapel und erhalten entsprechend viele Döschen. Die übrigen Münzen werden eingesammelt und ebenso gestapelt und verpackt. Die erste Bündelung wird exakt versprachlicht und an der Tafel fixiert (Tafelanschrift 3). Dann bringt jede Gruppe ihre Cents in den Sitzkreis, nennt die Anzahl und stellt die Döschen in die Mitte.
- **Zweite 10er-Bündelung:** Nun werden alle Filmdöschen gezählt: Immer 10 werden auf ein Tablett gestellt. Die exakte Versprachlichung dieses Schrittes ist sehr wichtig: Auf einem Tablett stehen 10 Döschen mit je 10 1-Cent-Münzen. Ein Tablett enthält also 10-mal 10 Cent, das sind 100 Cent (Tafelanschrift 4).
- **Aufbau des Tausenders:** Den vollen Tabletts werden nun die Hunderterzahlen zugeordnet. Beim 10. Tablett wird überlegt: Zehnhundert hat noch niemand gehört. Der Zahlname Tausend wird eingeführt. Um alle Tabletts wird ein Seil mit der Wortkarte 1000 gelegt. Nun folgt die erneute Versprachlichung: 10 Tabletts mit je 10 Döschen sind 10-mal 100 Cent, das ergibt 1000 Cent. Die letzte Bündelung und die Lösung werden an der Tafel fixiert (Tafelanschrift 5).

Weiterarbeit

- Arbeit mit der Stellenwerttafel
- Zahlen lesen, schreiben, mit Zahlenkärtchen bilden oder akustisch darstellen (z. B. Einer klatschen, Zehner schnippen, Hunderter stampfen)
- KV 89, S. 73: Orientierung im Tausenderfeld
- KV 90, S. 74: Übungen zur Zahldarstellung
- KV 91, S. 75: Quartett zur Zahldarstellung
- KV 92, S. 76: Zahlen vergleichen und ordnen
- KV 93, S. 77: Übungen am Zahlenstrahl
- KV 94–101, S. 78–81: Das Tausenderbuch enthält Übungen zu allen Lerninhalten der Sequenz. Hier können die Kinder zeigen, was sie gelernt haben. Sie füllen ihr eigenes Buch und binden es zum Schluss zusammen.

Name: ____________________ | KV 89

Orientierung im Tausenderfeld

1. Wie heißen die Zahlen mit den ❑?

301			❑ 1						
							❑ 2		
					❑ 3				
❑ 4									
				❑ 5					
		❑ 6							
								❑ 7	
									❑ 8
	❑ 9					❑ 10			
									400

❑ 1 = ____________

❑ 2 = ____________

❑ 3 = ____________

❑ 4 = ____________

❑ 5 = ____________

❑ 6 = ____________

❑ 7 = ____________

❑ 8 = ____________

❑ 9 = ____________

❑ 10 = ____________

2. Ergänze die fehlenden Zahlen!

	445	

		659

278		

	765	

Name: ______________________________ KV 90

Die Zahlen bis 1000

1. Zahlenrätsel: Ergänze die Lücken!

	H	Z	E		
3H 4E	• • •		• • • •	304	300 + 4
	• •	• • •			
2Z 4H					
				171	
					400 + 2

2. Geheimschrift: Trage richtig ein!

□□□|| • • = 3H 2Z 2E = 321

= 1H 3Z 2E =

= = 123

□□||| • = =

3. Wie heißt meine Zahl?

Zweihundertdreiundvierzig = 2H 4Z 3E = 243

Zweihundertvierunddreißig = =

Vierhundertdreiundzwanzig = =

Dreihundertvierundzwanzig = =

Vierhundertzweiunddreißig = =

Dreihundertzweiundvierzig = =

4. Welche Zahlen kannst du aus diesen Ziffern bilden?

1	2	3	______________________
4	5	6	______________________
7	8	9	______________________
3	0	8	______________________

Material für ein Quartettspiel

Immer vier Karten gehören zusammen!

2 Z 1 H	Einhundert-zwanzig	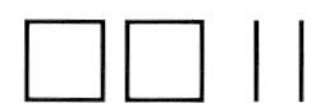	120
249	4Z 9 E 2 H	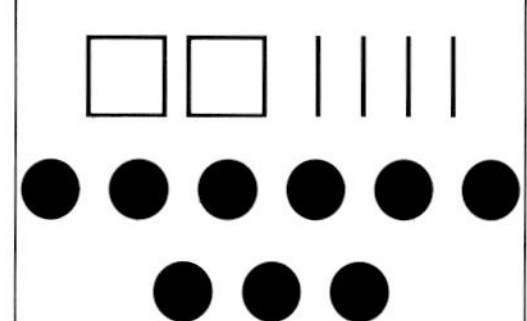	Zweihundert-neunund-vierzig
Vierhundert-neunund-zwanzig	429	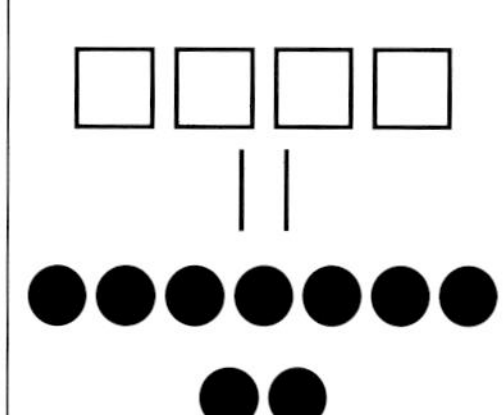	4 H 2 Z 9 E
Neunhun-dertzweiund-vierzig	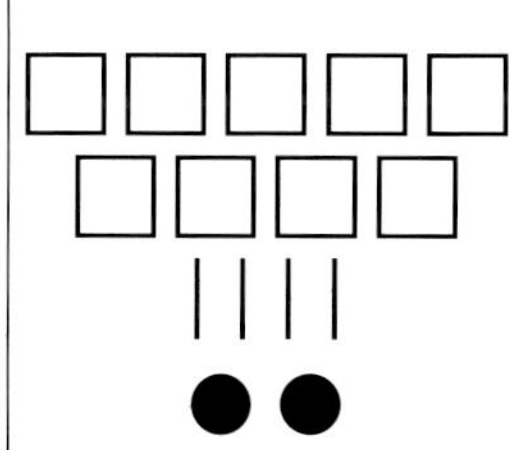	942	2 E 9 H 4 Z

Zahlen vergleichen und ordnen

1. Setze ein: > < =

201	☐	102	551	☐	515
210	☐	201	304	☐	340
811	☐	818	417	☐	714
2H 1Z	☐	2H 1E	8E 4H 1Z	☐	1H 4E 8Z

2. Ergänze die fehlenden Zahlen!

Vorgänger	**Zahl**	Nachfolger
	401	
	299	
	300	
	620	

Vorgänger	**Zahl**	Nachfolger
		410
		300
998		
600		

3. Ordne die Zahlen der Größe nach! Beginne mit der kleinsten!

614 416 641 146 406 461 164 604

___ ___ ___ ___ ___ ___ ___ ___

4. Ordne die Zahlen der Größe nach! Beginne mit der größten!

874 784 487 478 847 807 748 804

___ ___ ___ ___ ___ ___ ___ ___

5. Finde die Zahlen, trage sie in die Kästchen ein und ordne sie dann von groß nach klein auf der Zeile!

H Z E 306	Sechs-hundert-drei	6Z 3H	600 + 6 + 30	Sechs-hundert-dreiund-sechzig	□ □ □ | | | ••••••	6H 6Z 3E	□ □ □ □ □ □ ••••••

____

Zahlenfolgen und Zahlen am Zahlenstrahl

1. Zähle weiter!

   a) Gehe in Dreierschritten vorwärts:

   200, 203, _____, _____, _____, _____, _____, _____, _____, _____, 230

   b) Die nächste Zahl ist immer um 5 größer als der Vorgänger:

   350, _____, _____, _____, _____, _____, _____, _____, _____,

2. Finde die Rechenvorschrift und ergänze die letzte Zahl!

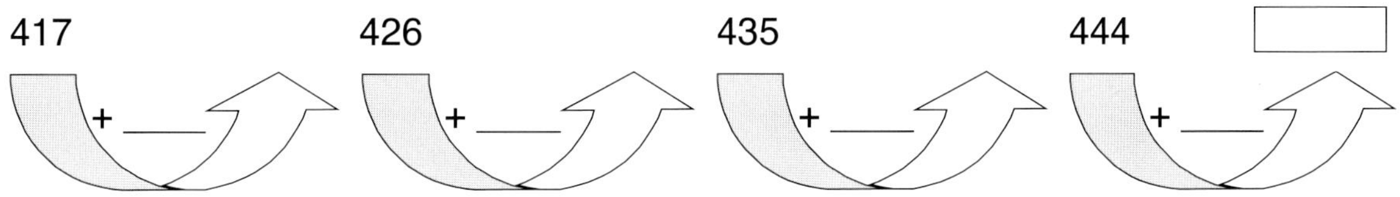

3. Setze die Zahlenfolgen fort!

   170, 181, 192, 203, _____, _____, _____, _____

   430, 422, 414, 406, _____, _____, _____, _____

4. Wie heißen die Zahlen?

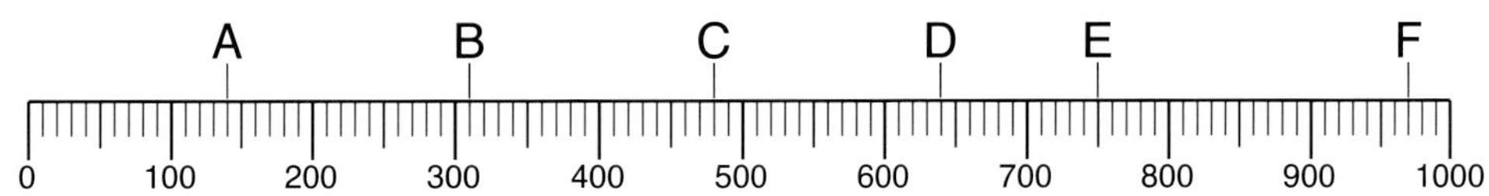

   A = _____ B = _____ C = _____

   D = _____ E = _____ F = _____

5. Trage die Zahlen ein!

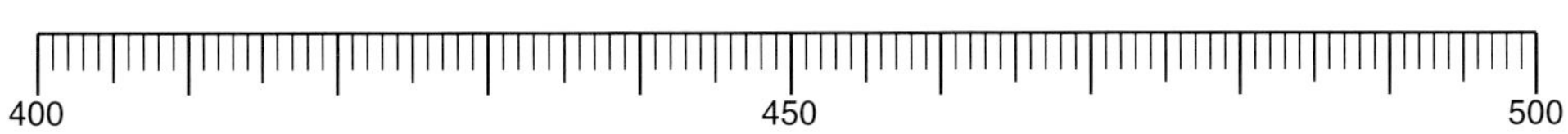

   G = 412, H = 460, I = 485, K = 433, L = 465, M = 490

Name: ______________________________ **KV 94**

Mein 1000er-Buch

Name: ______________________________  **KV 95**

Vergleiche und setze das richtige Zeichen ein: < > =

213 ○ 312	241 ○ 2H 1Z 4E
302 ○ 322	372 ○ 2E 4Z 3H
421 ○ 420	418 ○ 4Z 1H 8E
218 ○ 291	712 ○ 2E 1Z 7H
811 ○ 118	480 ○ □□□□|||||||
520 ○ 250	4Z 1H 8E ○ □□||||••••••••
292 ○ 229	200 + 1 ○ 2H 1Z 1E
407 ○ 704	300 + 4 + 20 ○ 324
461 ○ 469	200 + 80 + 1 ○ 218
211 ○ 112	420 ○ □□□□••

Name: ____________________

KV 96

Ordne die Zahlen der Größe nach!
Beginne mit der kleinsten!

a) 211 221 120 102 121 202 100 142

____

b) 448 844 408 484 480 814 481 840

____

c) 620 261 662 264 462 206 162 201

____

Name: ____________________

KV 97

Notiere die Nachbarzahlen!

Hunderter-Nachbar	Zehner-nachbar	Vorgänger	**Zahl**	Nach-folger	Zehner-nachbar	Hunderter-nachbar
			643			
			721			
			539			
			602			
			240			
			830			
		799				
				439		

Name: ______________________________

KV 98

Schreibe die fehlenden Zahlen auf!

Welche Zahlen liegen …

a) … zwischen 347 und 358?

____

b) … zwischen 496 und 512?

____

c) … zwischen 206 und 198?

____

Name: ______________________________

KV 99

Wie heißen die Zahlen?

a) Trage die Zahlen ein!

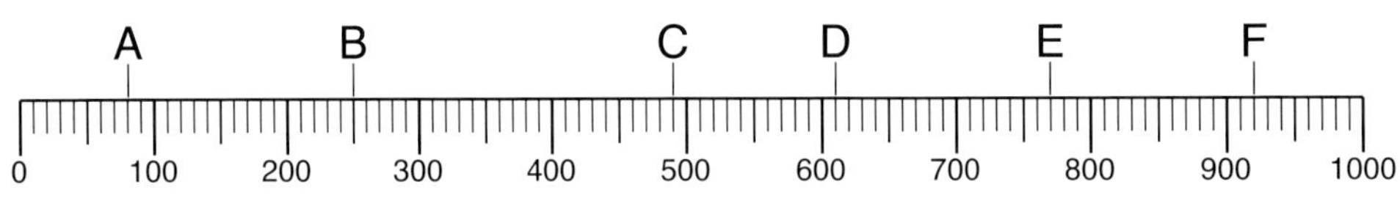

A = ______ B = ______ C = ______

D = ______ E = ______ F = ______

b) Verbinde mit Pfeilen!

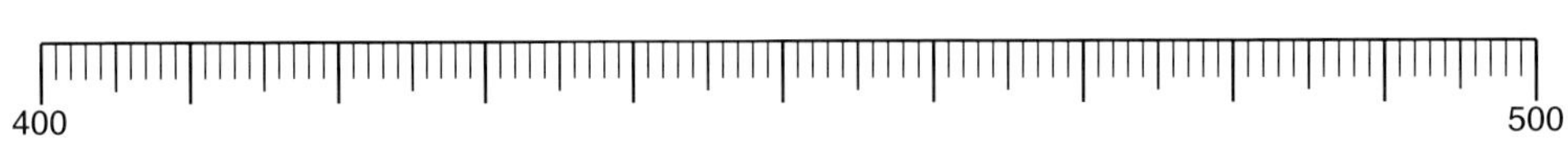

421 463 486 490 499

Name: ______________________ **KV 100**

Wie heiβen die fehlenden Zahlen? Trage ein!

201	202	203		205	206	207	208	209	
211	212	213	214		216	217	218	219	220
	222	223	224	225	226		228	229	230
231	232		234		236	237		239	240
241		243	244	245	246	247		249	250
251	252	253	254	255		257	258	259	
261	262	263		265	266	267	268	269	270
271	272	273	274		276	277	278	279	280
281	282	283	284	285	286		288	289	290
291	292		294	295	296	297	298	299	

	745	

		526

Name: ______________________ **KV 101**

Finde die Regel und setze die Zahlenfolgen fort!

a) 230 250 270 ____ ____ ____ ____ ____

b) 421 418 415 ____ ____ ____ ____ ____

c) 381 386 391 ____ ____ ____ ____ ____

d) 981 941 901 ____ ____ ____ ____ ____

e) 678 648 618 ____ ____ ____ ____ ____

Name:	KV 102

Lernzielkontrolle – Teil 1

1. Zahlendiktat

/2

2. a) Schreibe und zeichne auf!

H	Z	E	
●●●●●	●●	●●●●●●●●	
●●●●●●●	●●●●		
			302

/1,5

b) Du darfst jeweils ein Plättchen verschieben. Welche Zahlen können entstehen?

H	Z	E	So heißt die Zahl, die gelegt ist:
●●●●●●	●	●●●●●●●●	

Diese Zahlen können durch das Verschieben entstehen:

/6,5

3. a) Dies sind Ausschnitte aus Hunderterfeldern. Setze die fehlenden Zahlen in die Kästchen ein!

	889	

	446	

/4

b) Bei welchen Zahlen beträgt der Unterschied zur Startzahl …

… 9? → Umkreise die Zahlen blau!

…11? → Umkreise die Zahlen rot!

/4

Name: ____________________

KV 103

Lernzielkontrolle – Teil 2

4. Schreibe die fehlenden Zahlen auf!

Nachbar-hunderter	Nachbar-zehner	Nachbar-einer	**Zahl**	Nachbar-einer	Nachbar-zehner	Nachbar-hunderter
			597			

/3

5. Trage diese beiden Zahlen im 400er-Feld ein!

436 487

									500

/2

6. Ergänze die Zahlenfolgen!

a) 270, 310, 350, ____

b) 750, 690, 630, ____

c) 210, 290, 260, 340, 310, ____

/3

7. Schreibe die gesuchten Zahlen auf!

Meine Zahlen bestehen aus den Ziffern 3, 8 und 4. Sie sind kleiner als 400.	Meine Zahl ist größer als 500 und kleiner als 600. Sie hat drei gleiche Ziffern.	Meine Zahlen haben zwei gleiche Ziffern und liegen zwischen 460 und 480.

/7

Gesamt: ____/33

Lehrer-Info: Einführung des Gewichtes

Materialbedarf

- ❑ Büchertasche mit Schulbüchern
- ❑ pro Gruppe eine große Balken- oder Tafelwaage
- ❑ pro Gruppe dieselben vier Spielsachen: Kartenspiel, Jo-Jo, Ball, Frisbee. Die Spielsachen sollten annähernd das gleiche Gewicht haben und müssen mit den Balkenwaagen gewogen werden können. Sollten keine ausreichend großen Waagen vorhanden sein, muss die Auswahl der Spielsachen entsprechend angepasst werden.
- ❑ KV 104, S. 86 auf DIN A3 vergrößern: 1-mal pro Gruppe als Bildkarten ausgeschnitten, 3-mal als Bildkarten für die Tafel
- ❑ pro Gruppe einen Tonpapierstreifen, auf den eine Reihe von vier Bildkarten passt
- ❑ KV 105, S. 87 1-mal pro Gruppe

Vorbereitung

Der Stunde vorausgegangen ist ein Ausflug zu einem Spielplatz, bei dem besonders auf die Funktion einer Wippe eingegangen wurde.
Der Lehrer hat die Büchertasche mit Schulsachen und je einer der vier Spielsachen gefüllt.

Hinführung

- ❑ **Lehrererzählung:** Eine Mutter kontrolliert die schwere Büchertasche ihres Kindes. Sie packt die Büchertasche aus. Dabei entdeckt sie auch vier Spielsachen: ein Kartenspiel, ein Jo-Jo, einen Ball und ein Frisbee. Die Mutter besteht darauf, dass das Kind nur das leichteste Spielzeug mitnehmen darf.
- ❑ **UG:** Die Schüler äußern sich zur Situation und formulieren die **Problemfrage:** Welches Spielzeug ist am leichtesten? (Tafelanschrift 1, S. 85)

Erarbeitung

- ❑ **Visuelles Schätzen in Partnerarbeit:** Die Schüler schätzen zu zweit, welches Spielzeug am leichtesten ist. Die Ergebnisse werden an der Seitentafel in Form einer Strichliste gesammelt (Tafelanschrift 2)
- ❑ **Reflexion:** Es war schwierig, das Gewicht nur durch Anschauen abzuschätzen. Einfacher wäre es, wenn man die Sachen in die Hand nimmt.
- ❑ **Manuelles Schätzen in Gruppenarbeit:** Jede Gruppe erhält die vier Spielsachen, vier Bildkarten (KV 104) und einen Streifen Tonpapier. **Arbeitsauftrag:** Schätzt mit euren Händen das Gewicht der Spielsachen und ordnet sie vom leichtesten zum schwersten! Klebt die Bildkarten in der selben Reihenfolge auf den Tonpapierstreifen!
- ❑ **Auswertung:** Die Gruppensprecher präsentieren die Ergebnisse. Die Tonpapierstreifen werden an die zweite Seitentafel geklebt (Tafelanschrift 3). Es ist zu erwarten, dass die Schätzungen unterschiedlich ausfallen. So wird deutlich, dass das manuelle Schätzen zu ungenau ist; nur mit Hilfe einer Waage ist das Problem lösbar.
- ❑ **Einführung der Balkenwaage:** Die Waage wird gezeigt und mit einer Wippe verglichen. Mit Hilfe ihrer Vorerfahrungen erklären die Kinder, wie die Waage funktioniert.
- ❑ **Wiegen in Gruppenarbeit:** Jede Gruppe erhält eine Waage und ein Arbeitsblatt (KV 105). **Arbeitsauftrag:** Vergleicht mit Hilfe der Waage das Gewicht von je zwei Spielsachen! Tragt eure Ergebnisse als Pfeilbild auf dem Arbeitsblatt ein!
- ❑ **Auswertung:** Die Ergebnisse werden als Pfeilbild dargestellt (Tafelanschrift 4). Die Pfeilvorschrift lautet: „... ist leichter als ...“. In dieser Phase ist besonders auf eine exakte Versprachlichung zu achten.
- ❑ **Beantwortung der Problemfrage:** Je nach Messergebnis wird die Problemfrage beantwortet. (Tafelanschrift 5)
- ❑ **Vertiefung:** Die Umkehrrelation „ist schwerer als“ wird erarbeitet. (Tafelanschrift 6)

Weiterarbeit

- ❑ Die Folgestunde zeigt, dass man vom Volumen nicht auf das Gewicht schließen kann.
- ❑ Stunden zum mittelbaren Vergleich: Wie schwer sind die Spielsachen genau? Es wird mit willkürlichen Maßeinheiten verglichen (Schrauben, Büroklammern ...). Hieraus ergibt sich die Notwendigkeit einer genormten Einheit.
- ❑ Gramm und Kilogramm werden eingeführt. Das genaue Gewicht der Spielsachen sowie anderer Gegenstände wird gewogen.
- ❑ Rechnen mit Gewichtsangaben.
- ❑ Sachrechnen mit Gewichtsangaben.

Tafelbild: Einführung des Gewichtes

TA 2 Wir schätzen: 👁

am leichtesten ist:

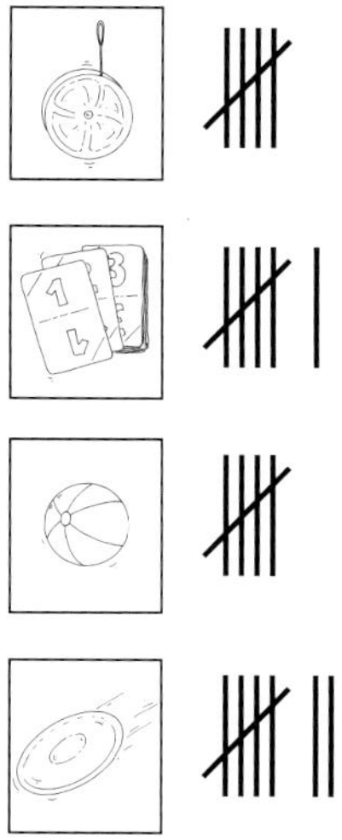

TA 1 Welches Spielzeug ist am leichtesten?
Wir vergleichen und ordnen Spielzeuge nach ihrem Gewicht.

Pfeilvorschrift: ist leichter als →

TA 4

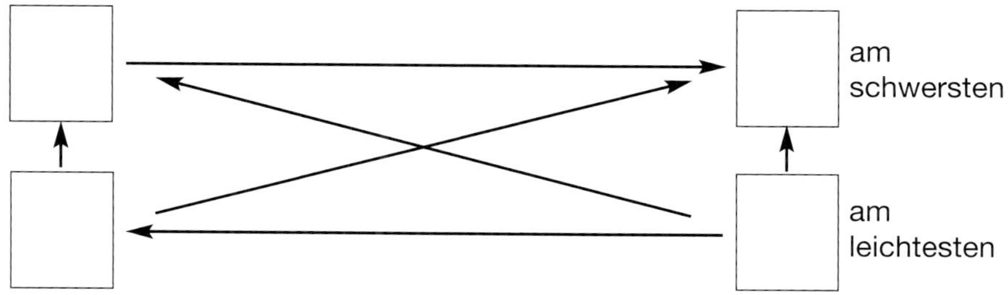

TA 5 Antwort: ________ ist am leichtesten.

TA 6

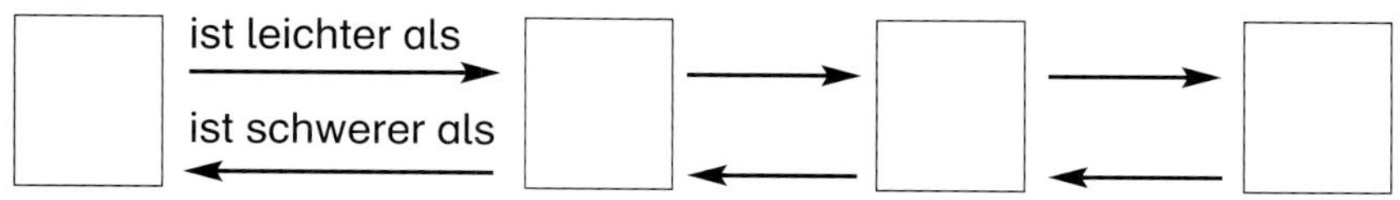

TA 3 Wir schätzen: ✋

am leichtesten	leicht	schwer	am schwersten

Material zur Einführung des Gewichtes (Bildkarten) | KV 104

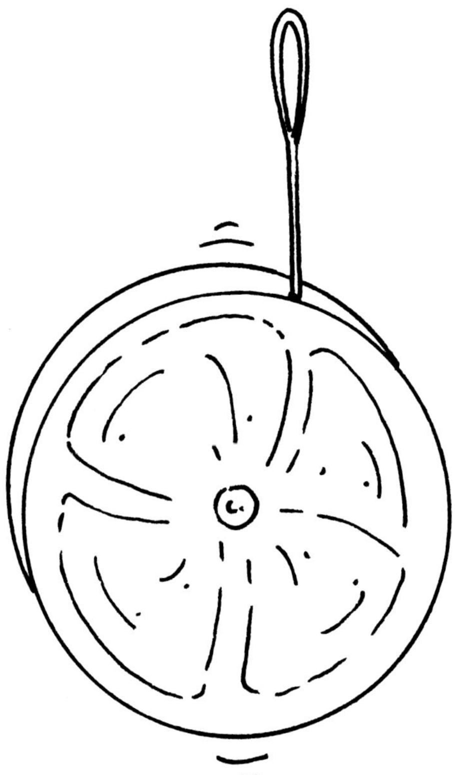

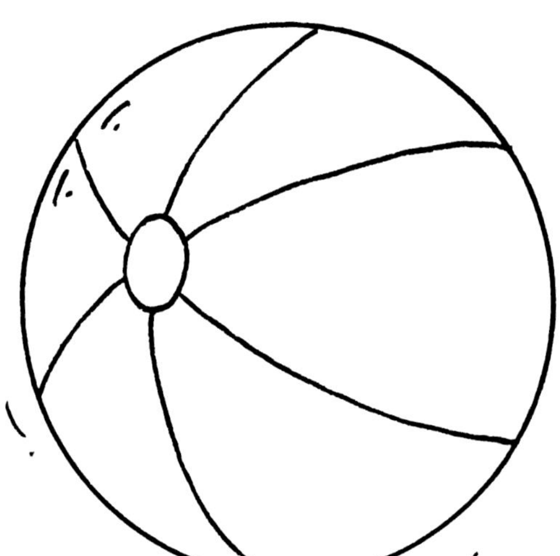

Name: ______________________ | KV 105

Welches Spielzeug ist am leichtesten?

Aufgabe:

Vergleicht die Gegenstände nach ihrem Gewicht und tragt eure Ergebnisse mit den Pfeilen in das Pfeilbild ein!

Pfeilvorschrift: ist leichter als →

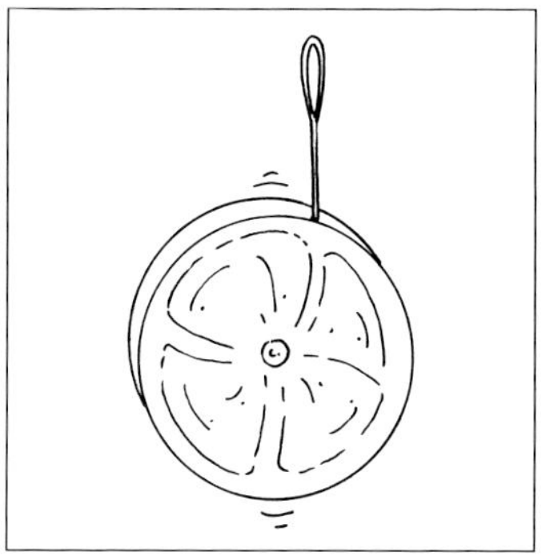

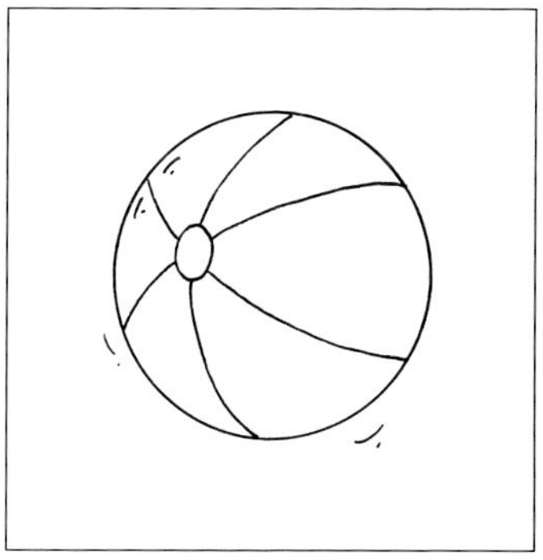

Kreist das leichteste Spielzeug farbig ein!

Für schnelle Gruppen:

Sicher könnt ihr die Spielzeuge auch in dieser Reihenfolge einordnen.

Pfeilvorschrift: ← ist leichter als

☐ ← ☐ ← ☐ ← ☐